Introducción a la astrología

A pesar de haber puesto el máximo cuidado en la redacción de esta obra, el autor o el editor no pueden en modo alguno responsabilizarse por las informaciones (fórmulas, recetas, técnicas, etc.) vertidas en el texto. Se aconseja, en el caso de problemas específicos —a menudo únicos— de cada lector en particular, que se consulte con una persona cualificada para obtener las informaciones más completas, más exactas y lo más actualizadas posible. EDITORIAL DE VECCHI, S. A. U.

© Editorial De Vecchi, S. A. 2019
© [2019] Confidential Concepts International Ltd., Ireland
Subsidiary company of Confidential Concepts Inc, USA
ISBN: 978-1-64461-357-3

Alberto Paoli

INTRODUCCIÓN A LA ASTROLOGÍA

dve
PUBLISHING

Prólogo

El universo ha ejercido siempre una profunda fascinación sobre la mente humana; eruditos y poetas han intentado penetrar en su último significado y encontrar la sutil correspondencia existente entre el movimiento constante de los planetas y los acontecimientos de orden general y cotidianos que regulan el destino de los hombres.

Así nació la astroiogía, por una exigencia humana y fundamentándose en un deseo inconsciente de encontrar una respuesta a los miles y miles de problemas que angustian a la humanidad desde su origen.

La astroiogía es la disciplina que estudia los conceptos generales del universo y la correspondencia entre el movimiento del Sol, la Luna y los planetas, y las acciones y acontecimientos humanos. Filósofos y eruditos ya le reconocían el derecho pleno a formar parte del pensamiento humano cuando aún no constituía una verdadera y propia ciencia, aunque se encontraba ya en el camino de serlo y se asentase en el campo científico a medida que, con el paso de los siglos, el hombre salía de su mundo primitivo y la luz de la razón dominaba sobre lo irracional.

Pero antes de llegar a formar parte oficialmente de las disciplinas científicas, la astroiogía atravesó por distintos períodos de clandestinidad, suscitando juicios entusiastas o condenas feroces y siendo aceptada ciegamente o ciegamente rechazada. Fue considerada, sucesivamente, brujería, arte, teología y, finalmente, ciencia. Actualmente, nadie puede negar la realidad de ciertos conocimientos y, aunque sin considerarla de «origen divino», como opinaban muchos grandes filósofos de la antigüedad, podemos aceptar serenamente sus sugerencias y, a través de su estudio, aprender a conocer mejor a nosotros mismos y a los demás.

La astroiogía

Historia y generalidades

Queremos precisar en estas primeras líneas que la astroiogía es quizá la ciencia más antigua del mundo y fue justamente definida como la «ciencia de las ciencias». Aunque hayan existido siempre numerosos charlatanes que se han servido de ella sin conocer su significado profundo, basándose únicamente en la ignorancia de la gente, esta ciencia sigue siendo de dominio de unos pocos iniciados. Desde los tiempos más remotos, los hombres, al estudiar los movimientos del universo y las fuerzas naturales que de él dimanan, vieron presagios en las condiciones cambiantes de los fenómenos de la naturaleza, relacionando así el futuro y el pasado individual con algo superior que, si no dictaba, al menos condicionaba las acciones humanas. Si inicialmente existía un cierto vínculo entre astroiogía y magia y, en consecuencia, entre astroiogía y superstición, con el paso del tiempo la ciencia astrológica fue cultivada por eruditos más diligentes que conocieron y divulgaron su influencia sobre la formación del carácter humano.

Los últimos descubrimientos científicos nos confirman que la astroiogía tuvo su génesis, aunque rudimentaria y todavía en estado de embrión, en Babilonia, afirmación demostrada por las veintidós mil tablillas con caracteres cuneiformes conservadas en el British Museum, en las que, basándose en las condiciones meteorológicas, se formulan muchas predicciones. La tierra, según concepción que llega hasta nuestros días, era el espejo del universo y la astroiogía era estudiada para el bien y utilidad de la comunidad; de hecho, no se compilaban horóscopos individuales. A cada dios se le atribuía un determinado dominio terrestre o aéreo y los planetas eran denominados con nomenclatura divina. Los planetas conocidos eran siete: Luna, Sol, Júpiter, Venus, Saturno, Mercurio y Marte.[1]

A la caída del imperio Babilónico, los asirios heredaron sus conocimientos astrológicos. A partir de entonces, el estudio de la astroiogía se amplía lentamente, conquistando nuevos países (India, China, Persia y, finalmente, Grecia, donde se preparó el primer horóscopo individual) formándose nuevos adeptos (sacerdotes, adivinos, filósofos).

Fue precisamente con los filósofos griegos, grandes astrólogos capaces de penetrar los misterios del universo, cuando la «ciencia de las ciencias» perdió sus últimos contactos con la superstición y la magia para afirmarse como ciencia. Heráclito, con su concepto de «la naturaleza del cosmos es igual a la de la psique humana», establece, a través de la teoría de los contrarios, que cada uno de los doce signos zodiacales está constituido intrínsecamente por elementos positivos y negativos, que pueden realizarse más o menos libremente en bien o en mal, ya que el hombre posee la ratio para superar los negativos. El principio de todo lo que existe es el fuego, del cual derivan todos los demás elementos.

Platón, con su teoría de las ideas, llega a formular la doctrina sobre la relación subyacente entre fenómenos cósmicos y acontecimientos terrestres.

(1) Siendo varios los autores que atribuyen los valores astrológicos planetarios a los astros conocidos y más cercanos a nosotros (entiéndase, sistema solar), valorándolos como cuerpos planeta rios, se respeta aquí la clasificación de «planeta» dada al Sol y a la Luna.

Aristóteles, al sostener que «toda fuerza de nuestro mundo es gobernada por los movimientos del mundo superior», sintetiza la filosofía heracliana y platónica.

A continuación tenemos a Aristarco, que fue el primero en intuir el movimiento de rotación y traslación de la tierra, tomado más tarde por Copérnico. También con Aristarco se formulan las primeras asociaciones entre astros y minerales, astros y colores, astros y metales.

Pero fue el matemático y astrónomo Hiparco el primero en observar la precesión de los equinoccios y en catalogar las estrellas fijas, atribuyendo a cada parte del cuerpo humano un signo del zodíaco.

La astroiogía, que como toda ciencia conoce alternativamente períodos de estancamiento y períodos de grandeza, conoció su primera recesión con la expansión del imperio Romano, que la combatió por motivos políticos. Sólo con los árabes volvió a su antiguo esplendor y fue ulteriormente perfeccionada, sobre todo gracias a su máximo representante, el matemático Albatenio, que añadió a las nociones ya conocidas un sistema de «casas del horóscopo». Siempre gracias a los árabes, la astroiogía recuperó su auge incluso en Europa y, aunque estudiada conjuntamente con la astronomía en las universidades italianas y alemanas, fue siempre mirada sospechosamente por la Iglesia, que en aquella época de oscuridad espiritual la confundía con una forma perfeccionada de brujería. Hacia el año mil, la astroiogía fue dividida en siete secciones distintas: astroiogía natural o astronomía; astroiogía electiva o elección del momento justo; astroiogía mete- reológica o previsión del tiempo; astroiogía horaria o la hora en que se presenta un problema; astroiogía fisiognó- mica, que enseña a escoger los amuletos; astroiogía médica o estudio del cuerpo humano, y astroiogía judicial o pronostica. Del año mil al mil quinientos, la astroiogía tuvo grandes seguidores que, aun sin añadir nada nuevo, cultivaban sus enseñanzas, como Dante Alighieri que en la «Divina Comedia» demuestra sus creencias en ella, o Leonardo da Vinci, que las aplica a la anatomía humana y al arte, así, en la «Ultima Cena» representa a Cristo como el sol y divide a los apóstoles en cuatro grupos de tres personas cada uno, para poner de relieve los distintos temperamentos.

En el siglo XVI, con el descubrimiento del sistema helio-céntrico de Copérnico, la astroiogía se escinde definitivamente de la astronomía. No obstante, existen en aquellos años filósofos que cultivan la astroiogía, como Giordano Bruno, T. Campanella y Tycho-Brahe, que preparó un primer catálogo que comprendía las 777 estrellas fijas por él observadas.

A continuación vienen los importantísimos descubrimientos de Kepler, el cual escribió: «La ciencia de los astros se divide en dos partes. La primera, la astronomía, se refiere a los movimientos de los cuerpos celestes; la segunda, la astroiogía, se refiere a los efectos de estos mismos cuerpos en el mundo sublunar.»

De hecho, según las teorías de Kepler, los astros poseen el poder de emanar determinadas y desconocidas radiaciones que influyen sobre la conducta de los individuos. Con Kepler concluye el estudio de la astroiogía, pues a partir de entonces el iluminismo la considerará como un «preciosismo». El romanticismo la rodeará de misterio poético y la fría filosofía positivista la relegará a un segundo plano, para más tarde intentar sofocarla.

Actualmente ha recobrado un nuevo vigor, aunque conserva detractores más o menos preparados que, tras el descubrimiento de los planetas Urano, Neptuno y Plutón, creen desmantelar la «ciencia de las ciencias» objetando que si la astroiogía ha formulado sus predicciones basándose en la existencia de cinco planetas, siete astros y dos luminarias, el Sol y la Luna, lógicamente estas predicciones, y sobre todo la influencia de los planetas, han sido por lo menos imperfectas; hipótesis ésta, aceptable aunque por motivos distintos. De hecho sólo puede afirmarse que al ignorar la existencia de estos planetas los horóscopos presentaban lagunas, especialmente los referentes a aquellos individuos que sufrían su influencia, pero no demuestran en absoluto que esta influencia no fuese real sobre dichos individuos, como lo demuestran recientes estadísticas de eminentes especialistas sobre personas ya desaparecidas. La estadística astrológica ha perfeccionado indudablemente el estudio de los astros, sobre todo gracias a Paul Choisnard, el cual, tras ponderados estudios, llegó a descubrir las correspondencias astrales relativas a las actitudes innatas, y, en segundo lugar, estableció la frecuencia de similitud astral entre familiares.

La toma de posición de modernos filósofos y pensadores que han desentrañado su esencia reduce al silencio a los calumniadores (a veces gratuitos) de esta antiquísima ciencia, pues han llegado a la conclusión de que en las estrellas, y, si no propiamente en ellas, en el universo, debe existir «algo» que influye grandemente sobre el espíritu y forja los caracteres. A pesar de todo ello no tenemos la certeza y ni siquiera una prueba exacta de que los astros puedan influenciarnos. ¿Pero, podemos afirmar con seguridad la existencia de Dios? ¡Entonces, que «los estúpidos se callen»!

Hemos visto cómo, gracias a Aristarco, fue formulada la relación entre astros y minerales, y astros y metales. Después de Aristarco, los eruditos se interesaron por la relación existente entre un determinado signo y un determinado color, perfume, flor, etc. La astroiogía moderna ha establecido, con un margen de error relativo, a través de la similitud astral, cuál es el día de la semana más propicio, el número de la suerte, el período del año favorable, etcétera. Así podemos ver:

Días favorables

— Aries: martes
— Tauro: viernes
— Géminis: miércoles
— Cáncer: lunes
— Leo: domingo
— Virgo: miércoles
— Libra: viernes
— Escorpión: martes
— Sagitario: jueves
— Capricornio: sábado
— Acuario: miércoles
— Piscis: sábado

Color de la suerte

— Aries: rojo
— Tauro: verde y azul oscuro
— Géminis: amarillo
— Cáncer: blanco
— Leo: amarillo
— Virgo: gris o amarillo
— Libra: verde
— Escorpión: morado
— Sagitario: azul celeste
— Capricornio: negro
— Acuario: azul
— Piscis: blanco

Período del año favorable

- Aries: marzo y octubre
- Tauro: abril y enero
- Géminis: octubre y febrero
- Cáncer: marzo y noviembre
- Leo: agosto y diciembre
- Virgo: mayo y febrero
- Libra: junio y enero
- Escorpión: julio y marzo
- Sagitario: abril y agosto
- Capricornio: mayo y septiembre
- Acuario: octubre y enero
- Piscis: marzo y noviembre

Las piedras en relación con los signos

- Aries: jaspe
- Tauro: turquesa
- Géminis: ágata
- Cáncer: perla
- Leo: rubí
- Virgo: coral
- Libra: zafiro
- Escorpión: jaspe
- Sagitario: turquesa
- Capricornio: ónix
- Acuario: zafiro
- Piscis: amatista

Flor
- Aries: erica (brezo)
- Tauro: rosa

— Géminis: enebro
— Cáncer: orquídea
— Leo: ciclamen
— Virgo: gardenia
— Libra: jacinto
— Escorpión: nardo
— Sagitario: calicanto
— Capricornio: narciso
— Acuario: muguet
— Piscis: jazmín

Perfume

El perfume es considerado en astroiogía como un talismán para equilibrar el sistema psíquico del individuo, aunque sobre ello existe división de pareceres entre los astrólogos. Sólo tras una síntesis de las obras astrológicas anteriores a nuestra época y contemporáneas nos encontramos capacitados para ofrecer al lector un elenco adecuado, aportado por Lucía Alberti en su libro *Astroiogía y vida cotidiana.*

— Aries: lavanda, que mitiga la violencia constitutiva del temperamento de los Aries, y aumenta al mismo tiempo el espíritu magnético que poseen los nacidos bajo este signo.
— Tauro: rosa, que equilibra los arranques afectivos, a veces excesivos, de este signo y mitiga las penas de amores que asaltan a los nacidos en Tauro.

(1)Onomancia: Predicción del porvenir de una persona basada en su nombre y las letras que lo forman.

— Géminis: orégano, perfume que ordena la vida de estos desordenados, los cuales hacen siempre demasiadas cosas y por tanto viven fácilmente en el caos, incluso económico.

— Cáncer: lila, que reduce en los nacidos en Cáncer su excesiva emotividad, su temor a todo y los disgustos amorosos tan profundos en este signo.

— Leo: ámbar, que aumenta en el Leo su ya fuerte ascendente sobre los demás y al mismo tiempo reduce su tendencia a dominar todo y a todos.

— Virgo: jacinto, perfume que aporta a Virgo fantasía en todos los campos y le da un empuje pasional que lo libera de sus complejos de tipo sexual.

— Libra: almizcle, da más constancia a la agresividad de la Libra, le libera de incertidumbres y debilidades, y ofrece mayor fuerza a sus amores que a veces tienden a ser descoloridos.

— Escorpión: nardo, cuyo perfume los hace menos fanáticos y duros, mitigan la ofensiva causticidad de este signo y le da mayor popularidad.

— Sagitario: violeta, aumenta el lado idealista del Sagitario y sus irradiaciones de simpatía, frena su derroche de energía y su desorganización.

— Capricornio: narciso, dulcifica su carácter, lo hace menos escéptico, actúa benéficamente sobre las enfermedades de los huesos, le da optimismo y, por tanto, mayor fortuna en los encuentros amorosos.

— Acuario: muguet, perfume que aleja a los envidiosos, elimina muchas dificultades creadas por el carácter contradictorio de este signo, y consolida más sus historias de amor.

— Piscis: jazmín, da firmeza y sentido práctico, salva a los ingenuos Piscis de los engaños, calma los nervios y aumenta el atractivo.

Número de la suerte

El número de la suerte puede calcularse de acuerdo con una regla general. Efectivamente, según la onomancia,[1] el número de la suerte puede obtenerse sumando por entero la fecha de nacimiento. Por ejemplo, si se ha nacido el 11 de noviembre de 1950, se suman $11 + 11 + 1 + + 9 + 5 + 0 = 37$. Se escinden los dos números que forman el total y, por último, se suman: $3 + 7 = 10$. En este caso, por tanto, el número de la suerte es el 10.

— Aries: los números 1 y 9 son propicios a los pertenecientes a este signo, los cuales tendrán una suerte especial el primero y décimo día del mes.

— Tauro: el número 6 pertenece a Venus y da especialmente suerte a los nacidos en Tauro, particularmente a los nacidos el 6, 15 y 24 del mes.

— Géminis: para los nacidos bajo este signo los números de la suerte son el 2 y el 5.

— Cáncer: el 2 es el número por excelencia del Cáncer, sobre todo para los nacidos el 2, 11 y 21 del mes.

— Leo: el 1, consagrado al Sol, es el número por excelencia.

— Virgo: el 5 es el número de los pertenecientes a este signo.

— Libra: le da mucha suerte el número 4.

— Escorpión: el número 9 pertenece además de a los Aries a los Escorpiones, a los cuales da combatividad.

— Sagitario: el número 3, símbolo de la divinidad, pertenece al Sagitario.

— Capricornio: el número 8, que pertenece a Saturno, pero que, sin embargo, no trae suerte.

— Acuario, el 7, número de Urano, sinónimo de profundidad intelectual, por lo que no puede pertenecer más que a este signo, tan rico en genialidad.

— Piscis: el número del fogoso Sagitario, el 3, pertenece también al místico Piscis.

Metales

Los metales se encuentran en relación con los planetas y, a través de los astros, con los signos.
— Sol: oro
— Luna: plata
— Mercurio: mercurio
— Venus: cobre
— Marte: hierro
— Júpiter: estaño
— Saturno: plomo
— Urano: uranio

No se conoce la analogía de los planetas Neptuno y Plutón con los metales.

Los astros

Sabiendo que existe una analogía general entre naturaleza humana y fenómenos naturales, damos por cierto que la hora, el día, el mes y el año en que hemos venido al mundo son fundamentales para conocer con exactitud nuestras inclinaciones y carácter. No obstante, con frecuencia nos limitamos a considerarnos como pertenecientes a un determinado signo zodiacal, sin saber que los signos por los que nos consideramos influenciados sufren, a su vez, la influencia de los astros. Estos astros conocidos son diez, siete de los cuales lo son desde la antigüedad: Sol, Luna, Mercurio, Venus, Marte, Júpiter y Saturno. Tres han sido recientemente descubiertos: Urano, descubierto por el astrónomo inglés William Herschel en 1781; Neptuno, señalado por el astrónomo francés Leverrier en 1846; Plutón, encontrado por el astrónomo americano Percival Lowell en 1930.

Los astros trazan un recorrido sobre la rueda del zodíaco de básica importancia para el estudio de la astrología. El Sol, hipotéticamente, hace el recorrido en 365 días; la Luna en veintinueve días; Mercurio en ochenta y ocho días; Venus en 225 días; Marte en.un año y 322 días; Júpiter en once años y 315 días; Saturno en veintinueve años y 167 días; Urano en ochenta y cuatro años y 87 días; Neptuno en 164 años y 281 días; Plutón en 247 años y 254 días.

Sol

El astro de mayor influencia sobre los nacidos bajo el signo de Leo, cuando se encuentra en su apogeo en Aries y se pone en Libra. La representación simbólica de este planeta es un círculo en cuyo centro hay un punto. El punto representa el principio de un devenir impetuoso y violento, que tiene su manifestación en el,círculo. En la antigüedad, el Sol era adorado como fuente de energía, calor y salud, concepción que continuaron entre otras la mitología griega y la latina. El Sol, astrológicamente, es considerado como el principio masculino. Ptolomeo fijó la representación humana del Sol en una edad comprendida entre los veinte y los cuarenta años. Hiparco lo consideraba fisiológicamente en relación con el corazón y el cerebro, creencia aceptada por los poetas y literatos de la antigua Grecia; más tarde, en época cristiana, los trovadores vieron en las gestas heroicas de los caballeros andantes la principal manifestación del Sol. El Sol representa en sus aspectos positivo y negativo, la voluntad, la combatividad, la bondad, la fidelidad, el amor propio, la violencia bruta y la violencia en sí misma, la ambición que no conoce obstáculos de ningún tipo, la crueldad, el orgullo desmesurado. El aspecto físico de quien sufre la influencia del Sol puede tomarse en un primer momento como altanería o soberbia.

Luna

Tiene su casa en el signo de Cáncer.

Así como el Sol representa el principio masculino, la Luna representa el femenino y se le atribuye poder sobre la vida familiar y afectiva. La Luna domina las neurosis por su gran receptividad. También es el símbolo del embarazo y del parto. Se dice que si la mujer pare en Luna nueva es casi seguro que dará a luz un varón, mientras que si concibe en cuarto menguante el nacido será una hembra. El aspecto físico de los nacidos bajo la influencia de este planeta es fácilmente reconocible ya que tienden a la obesidad, su nariz desaparece en la inmensidad del rustro, verdaderamente lunar, los labios son sutiles y la expresión de su cara denota maravilla y estupor.

Los antiguos atribuían a la Luna las enfermedades linfáticas, el agua, la muchedumbre y los cambios. En el Tetra-biblos de Ptolomeo, texto astrológico que hizo escuela durante mil cuatrocientos años, leemos que la Luna era parangonada con la edad que en el hombre corresponde a la infancia. En el tema astrológico representa la familia o los viajes.

Mercurio

Tiene su casa diurna en Géminis y la nocturna en Virgo, se encuentra en exilio en Sagitario y en decadencia en Piscis.

Está a 58 millones de kilómetros de distancia del Sol y realiza su vuelta al zodíaco en 88 días. Mercurio, que los griegos adoraban como al dios protector de los viajes, de los comerciantes y de los ladrones, es el planeta de la vivacidad intelectual en sus manifestaciones positivas y negativas: tanta inclinación al estudio como a la mentira, ecléctico y buen orador, superficial y ligero. El dominado por Mercurio puede encontrarse dotado de una gran sensibilidad, que, en su aspecto negativo, puede llevarle a la indiferencia, o al cinismo. Según Ptolomeo, la edad con que se representa a Mercurio es la que va de los 4 a los 14 años.

La persona bajo la influencia de Mercurio será un buen negociante, sabrá sacar siempre ventaja a su favor en cualquier situación económica, incluso la más compleja y difícil, y será un orador convincente, afable y preparado. El aspecto físico de los nacidos bajo el signo más influenciado por este planeta, será: nariz aquilina y puntiaguda, rostro triangular, labios bien diseñados que al sonreír dibujan una mueca irónica, ojos indagadores. La figura en su conjunto dará una inmediata impresión de agilidad, un poco nerviosa pero siempre vivaz. La persona bajo la influencia de Mercurio será siempre joven. En el tema astrológico representa a los familiares no directos como los padres, y además tanto al intelectual como al astuto.

Venus

Tiene su domicilio en los signos de Tauro y Libra.

Venus, la antigua Afrodita, diosa del amor en la mitología griega, simboliza todo lo que representa la belleza, la sensibilidad, la dulzura, la feminidad, la atracción física y espiritual, el erotismo, el amor y la alegría de vivir. También es claramente «la pequeña fortuna». Ptolomeo la relaciona con el comienzo de las primeras experiencias amorosas. Venus indica el modo de amar de cada uno según la influencia de su signo.

El aspecto físico de los sujetos bajo la influencia de este planeta será: un rostro de óvalo perfecto con la nariz pequeña y bien modelada, la piel blanquísima y delicada, los ojos claros e ingenuos, los labios mórbidos y bien diseñados, una forma de caminar y sonreír dulce y armónica y será amable también en el modo de actuar. En el tema astrológico representa tanto el amante como la genialidad expresiva del artista.

Marte

Tiene su casa diurna en el signo de Aries, y la nocturna en el signo de Escorpión.

Marte, adorado por los griegos como el dios de la guerra, simboliza la lucha con todo lo positivo y negativo que ella comporta. Marte simboliza la fuerza, el coraje, la justicia aplicada, la violencia, la pasión arrolladora, el individualismo, la sed de poder. En el *Tetrabiblos*, Ptolomeo identifica a Marte con la fase de la vida en efervescencia, en sus manifestaciones de lucha, competición y afirmación. Lógicamente, la agresividad intrínseca de este planeta significa tanto la fuerza de la afirmación como la autodestrucción, tanto la justicia como la crueldad, la luz como el vacío.)

El aspecto físico de las personas bajo la influencia de dicho planeta es el más masculino, con el rostro cuadrado, mandíbulas fuertes, mentón y nariz voluntariosos, mirada fría y dura, color de la piel oliváceo. Su comportamiento denotará firmeza de carácter y voluntad. Marte está muy ligado al planeta Saturno en lo que respecta a la vida interior del individuo. Algunos astrólogos lo consideran maléfico ya que lo ven como portador de todo mal moral y material, pero no hay que negar que tanto puede traer el mal como, por el contrario, si la voluntad individual logra canalizar la agresividad propia del planeta, puede ser el más constructivo de los planetas.

En el tema astrológico Marte representa un adversario.

Júpiter

Tiene su casa diurna en el signo de Sagitario y la nocturna en el de Piscis.

Júpiter, adorado por los griegos como padre de los dioses y dios de la justicia, representa la autoridad y la ley. Así como Venus es denominada la «pequeña fortuna», Júpiter simboliza la «gran fortuna» porque representa la riqueza, el éxito, los honores. Es el planeta más altruista y extrovertido, dispuesto a ayudar, quizá de forma algo paternalista, a quien se encuentra en dificultades, ya moralmente, infundiendo confianza y optimismo, ya materialmente, prestando dinero y recomendaciones.

El aspecto físico de los nacidos bajo los signos que domina Júpiter será pacífico pero no bonachón, de ojos bondadosos y grandes, barbilla ovalada, nariz bien modelada y carnosa y labios grandes y delgados. En el tema astrológico representa un individuo influyente.

Saturno

Tiene su casa en el signo de Capricornio.

Saturno, que en la mitología griega es un dios, hijo de Urano y de Vesta, que devoraba a sus hijos, simboliza el destino. Ptolomeo lo relaciona con la última etapa del hombre, la vejez (Cronos). Es el planeta del extremismo; quien se encuentra bajo su influencia no tiene sentido del término medio: todo o nada. En su aspecto positivo este planeta representa la constancia; en el negativo, el egoísmo y la tacañería. Tanto representa la separación de la persona amada como su reencuentro. Es el planeta más completo ya que a cada influencia negativa corresponde una positiva. Y, aunque se le considere junto con Marte el planeta más maléfico, también de él proviene la toma de conciencia que nos hace escudriñar dentro de nosotros mismos hasta sacar a la superficie nuestro verdadero «yo» con sus defectos y cualidades.

El aspecto físico de los nacidos bajo la influencia de este planeta presenta la frente alta, el rostro largo y huesudo, los ojos profundos y penetrantes, manos nudosas, mandíbulas enjutas y angulosas, nariz y mentón prominentes. Su modo de actuar es distanciado y frío.

En el tema astrológico indica un cambio importante.

Urano

Tiene su casa en el signo de Acuario.

Es el planeta innovador por excelencia. Representa todo lo anticonvencional, rebelde, excéntrico, original, extremista, antirretórico y genial. Es el planeta que coincide siempre con los grandes cambios históricos. Es paralelo, aunque no sólo, a la renovación de las células de nuestro organismo, con un ciclo de siete años. Efectivamente, cada siete años el ritmo biológico de nuestra vida cambia: por ejemplo, a los siete años entramos en la infancia, después de siete años somos adolescentes y así sucesivamente. Naturalmente, la influencia de Urano será distinta sobre un temperamento extrovertido que sobre un introvertido; mientras que en el primero se encuentra un dinamismo exterior dirigido a organizar, en el segundo se manifiesta por su estudio de los problemas a través del análisis, a menudo atormentado, de los estados emotivos. En el tema astrológico representa el descubridor, el pionero.

Neptuno

Tiene su casa en el signo de Piscis, nace en el signo de Leo, se encuentra en exilio en el de Virgo y en decadencia en el de

Capricornio. Neptuno, al que los griegos adoraban como dios de las aguas, es el planeta de la sensibilidad, de la comprensión inmediata. Este planeta, en su sentido positivo, es tan altruista como Júpiter, mientras que en el negativo es individualista. Es el planeta más intuitivo y creativo cerebralmente. Muchos mediums tienen a Neptuno como planeta dominante, cualquiera que sea el signo al que pertenezcan. Por otra parte, es también el planeta del caos en la vida privada y afectiva. En el tema astrológico simboliza el engaño.

Plutón

Tiene su casa, junto con Marte, en el signo de Escorpión. Plutón, al que los griegos adoraban como Hades, es el planeta de la transformación. Se conoce poco sobre este planeta, aunque los astrólogos lo identifican con la renovación, habiendo constatado que en cada período en el que Plutón cambiaba de signo, acaecían transformaciones radicales en la historia de la humanidad. La influencia de este planeta, más que sobre el individuo, se hace sentir sobre las masas.

En el tema astrológico simboliza tanto la ascensión hacia lo alto, como la intriga (así lo establecen las estadísticas, que han demostrado cantidad de hechos sangrientos imputables a Plutón).

Las casas

Las casas (llamadas también campos) son doce y representan los diferentes aspectos de la vida de un individuo.

El astrónomo árabe Albatenio fue el primero en compilar un sistema de casas aún vigente, aunque actualizado y perfeccionado por la ciencia estadística. En el zodíaco fijo, el emplazamiento, al igual que el carácter de cada casa, corresponden a cada signo: la primera, quinta y novena casas simbolizan tres aspectos de la afirmación individual y pertenecen al elemento fuego; corresponden así:

— la primera a Aries
— la quinta a Leo
— la novena a Sagitario.

La segunda, sexta y décima casas simbolizan tres aspectos de la vida material y concreta y pertenecen al elemento tierra:

— la segunda a Tauro
— la sexta a Virgo
— la décima a Capricornio.

La tercera, la séptima y la undécima simbolizan tres aspectos de la unión o comunicación y pertenecen al elemento aire:

— la tercera a Géminis
— la séptima a Libra
— la onceava a Acuario.

La cuarta, la octava y la doceava, simbolizan la vida más allá del «yo», tanto el inconsciente como lo supracons-ciente, y pertenecen al elemento agua:

— la cuarta a Cáncer
— la octava a Escorpión
— la doceava a Piscis.

La primera casa representa la personalidad profunda del individuo con todas sus cualidades buenas o malas. Es el modo de actuar, de hablar, de comportarse del hombre. Es la casa de las inclinaciones intelectuales y físicas. Entonces, si en la primera casa aparecen el Sol o Júpiter, la vida del individuo se desarrollará con extraordinaria facilidad; el éxito, la riqueza y los honores le serán propicios; mientras que, si cerca del ASC (ver diccionario astrológico) se encuentran los planetas Saturno, Neptuno o Urano, la existencia se presentará llena de grandes obstáculos y menos fácil de conquistar.

La *segunda casa* representa el mundo material y precisamente los bienes y riquezas que el individuo posee o encuentra al nacer.

La *tercera casa* simboliza el mundo familiar compuesto por los hermanos y hermanas y las relaciones que el sujeto establece con ellos. También indica el estudio, las letras, el deseo de aprender.

La *cuarta casa* simboliza el mundo familiar compuesto por los padres. Es también la casa del cambio de residencia y de la influencia de la familia sobre el individuo.

La *quinta casa* simboliza el amor y los hijos por una parte, y la creación espiritual por otra, además del juego, la vida erótica y sexual.

La *sexta casa* representa el mundo del trabajo junto con las actitudes propias en él del individuo y su relación con los colegas. Simboliza también la salud física.

La *séptima casa* se encuentra en antítesis neta con la primera que representa el mundo del yo. Simboliza el matrimonio y la lucha.

La *octava casa* representa la muerte y las herencias. Es también la casa espiritual por excelencia, quizá por ser la más misteriosa y tenebrosa de todo el zodíaco.

La *novena casa* es casi tan espiritual como la octava. Representa la aspiración del individuo a cultivarse, en un continuo diálogo consigo mismo. Simboliza también la separación y la lejanía.

La *décima casa*, como la octava y la novena, representa el intento de afirmación del propio yo en el individuo, sólo que la décima representa la afirmación material.

La *undécima casa* representa el mundo de la amistad y las relaciones.

La *duodécima casa* representa al hombre concentrándose en su mundo interior. Mundo en el que el hombre se libera de las constricciones impuestas por la vida, para hacer un balance sobre lo que ha sido y hecho tanto concreta como espiritualmente.

Las casas son de importancia fundamental para el estudio de la astroiogía, ya que la posición de las casas en un tema astrológico, una vez establecido el lugar y hora de nacimiento, lo individualiza, es decir, hace distinto a un individuo de otro. El examen astrológico no puede ser preciso si faltan estos datos fundamentales e insustituibles. En definitiva, las doce casas son las doce partes o husos esféricos de la rueda zodiacal.

Los planetas según las casas

Los planetas, de los que hemos examinado su influencia y casa, no permanecen estáticos sino que, conservando las mismas características ya descritas, cambian la influencia de los signos por los que giran, teniendo cada planeta que atravesar las doce casas del zodíaco, por lo que aquí explicaremos a los planetas según las casas.

El Sol según las casas

El Sol representa las principales experiencias de la vida. En su sentido positivo, las experiencias se verán coronadas de gran éxito. En sentido negativo, su alcance se verá obstaculizado por distintas razones.

El Sol en la primera casa: indica magnetismo personal, fuerte personalidad capaz de superar todo tipo de dificultades y alcanzar la meta preestablecida.

El Sol en la segunda casa: significa tanto el dinero ahorrado como el gastado. Por tanto, su exceso puede indicar tanto prodigalidad como avaricia.

El Sol en la tercera casa: indica facilidad intelectual para aprender, por tanto, el estudio asimilado prontamente.

El Sol en la cuarta casa: indica el peso de la familia sobre la vida futura del individuo, a veces estableciendo para él una cierta vía que el individuo podrá o no seguir.

El Sol en la quinta casa: indica éxito en el campo literario y artístico, y también la facilidad de amar tanto platónica como materialmente.

El Sol en la sexta casa: indica las capacidades que distinguen al individuo en el mundo del trabajo, incluso aunque no llegue a asumir puestos de mando.

El Sol en la séptima casa: indica tanto los lazos que unen al individuo con los demás (socios, amigos, compañeros de trabajo), como el matrimonio, que no es más que el lazo entre dos individuos.

El Sol en la octava casa: indica las consecuencias positivas y negativas que se verifican tras la muerte.

El Sol de la novena casa: puede indicar tanto un viaje de larga duración como la realización de una vocación de carácter intelectual.

El Sol en la décima casa: representa el punto máximo, tanto en posición económica como en posición social, que el individuo puede alcanzar.

El Sol en la undécima casa: a menudo indica una profesión realizada con y para los demás (médico, periodista, revolucionario, etc.).

El Sol en la duodécima casa: puede indicar tanto una enfermedad que se apodera violentamente del sujeto, como un obstáculo para el pleno éxito de un propósito.

La Luna según las casas

Sabemos que la Luna representa la edad que en el hombre corresponde a la infancia. Precisando más, en las casas la Luna indica el instinto, en sentido positivo; y en sentido negativo, el complejo de inferioridad.

La Luna en la primera casa: indica instinto y apatía.

La Luna en la segunda casa: representa la facilidad con la que el sujeto logra ganar dinero. En sentido negativo indica problemas financieros.

La Luna en la tercera casa: simboliza los viajes y cambios de residencia.

La Luna en la cuarta casa: la tranquilidad que el sujeto querría lograr a través del calor que le ofrece su familia.

La Luna en la quinta casa: indica innumerables amores del individuo.

La Luna en la sexta casa: indica la gran atracción del individuo hacia una mujer de condición inferior a la suya.

La Luna en la séptima casa: la evolución afectiva y material que lleva al hombre al matrimonio.

La Luna en la octava casa: significa tanto las herencias como los peligros que el individuo corre en su infancia.

La Luna en la novena casa: indica la hipersensibilidad del individuo que deja volar su imaginación en ideas y proyectos quiméricos.

La Luna en la décima casa: es el éxito sobre los demás. Es también la casa del arrivismo sin escrúpulos y para el que todo es lícito.

La Luna en la undécima casa: representa la receptividad en el plano amistoso, es decir, en qué forma el individuo se comporta con sus amigos.

La Luna en la duodécima casa: indica disponibilidad afectiva.

Mercurio según las casas

En general, indica los estudios, y es el planeta más variable. En sentido positivo: aprendizaje rápido en los estudios, como también asuntos llevados a cabo con éxito. En sentido negativo: superficialidad, ligereza y variabilidad en las ideas y el carácter.

Mercurio en la primera casa: indica una gran inteligencia, a menudo más intuitiva que racional.

Mercurio en la segunda casa: capacidad para los negocios y posibilidad material de llevarlos a buen término.

Mercurio en la tercera casa: indica la facilidad del individuo para aprender y superar los estudios, debido a su facilidad de expresión.

Mercurio en la cuarta casa: capacidad de adaptación en los desplazamientos que el sujeto a menudo emprende por propia voluntad, guiado por la curiosidad de conocer a los demás y a través de ellos a sí mismo en sus aspectos morales, materiales y espirituales.

Mercurio en la quinta casa: significa el amor por los juegos de azar; representa además las múltiples relaciones amorosas.

Mercurio en la sexta casa: indica una gran capacidad de trabajo y también los errores cometidos.

Mercurio en la séptima casa: indica un matrimonio por interés.

Mercurio en la octava casa: significa la pérdida de una persona amada y los lazos destruidos por la muerte.

Mercurio en la novena casa: indica escepticismo hacia las manifestaciones intelectuales de los demás, aunque también su comprensión.

Mercurio en la décima casa: significa las múltiples actividades laborales del sujeto.

Mercurio en la undécima casa: indica que el sujeto sabe rodearse de gran variedad de amigos con los que realiza un intercambio intelectual. Es la casa de la amistad por excelencia

Mercurio en la duodécima casa: representa reveses financieros, debidos, sobre todo, a la deshonestidad de los demás.

Venus según las casas

Indica la facilidad con la que el individuo capta el amor y la simpatía de los demás. En sentido positivo: gran alegría de vivir. En sentido negativo: los excesos sexuales y sentimentales conducirán pronto al individuo a la apatía y la abulia.

Venus en la primera casa: indica sensibilidad y amor por la vida.

Venus en la segunda casa: representa una facilidad de ganancias a través de la persona amada, con la cual se establece una vida en común llena de comprensión y sin la más mínima desavenencia.

Venus en la tercera casa: indica la armonía y amistad que une al sujeto con sus hermanos y hermanas. La amistad es entendida en esta casa como un sentimiento que el sujeto no puede evitar.

Venus en la cuarta casa: significa la armonía con los padres y también un amor intenso en la madurez.

Venus en la quinta casa: representa la fortuna en las relaciones mundanas.

Venus en la sexta casa: sobreentiende como posible el amor nacido en el ambiente laboral, entre compañeros.

Venus en la séptima casa: indica un matrimonio sin crisis.

Venus en la octava casa: significa prodigalidad y, en posición negativa, pérdida de la persona amada en edad aún joven.

Venus en la novena casa: representa un amor nacido fuera del propio país, como pasión hacia un extranjero, aunque se queme en el espacio de poco tiempo.

Venus en la décima casa: significa gran fortuna económica y gloria, si el sujeto desarrolla una profesión artística.

Venus en la undécima casa: la facilidad del sujeto para establecer amistades distinguidas e influyentes, que lo ayudarán en su camino, tanto a nivel social como laboral.

Venus en la duodécima casa: significa las pruebas que el sujeto impone o le son impuestas por la persona amada. Amor transformado en odio.

Marte según las casas

Posibilidad de afirmación a través de la expresión de tendencias pasionales y violentas. Simboliza la lucha. En sentido positivo: la agresividad se sublima en una acción beneficiosa. En sentido negativo: violencia bruta.

Marte en la primera casa: indica la agresividad en sus múltiples formas: irascibilidad, violencia, pasión, dominio y sed de poder. También simboliza al individuo que no sabe adaptarse a situaciones imprevistas.

Marte en la segunda casa: agresividad del individuo en aras a enriquecerse, agresividad que no se detiene ante nada.

Marte en la tercera casa: indica litigios entre cónyuges.

Marte en la cuarta casa: significa una educación familiar excesivamente severa.

Marte en la quinta casa: representa la conquista del amor a través de la lucha, a menudo atormentada, contra los prejuicios y la moral.

Marte en la sexta casa: indica trabajo arduo y peligroso.

Marte en la séptima casa: significa la lucha del sujeto en el camino de su afirmación, que puede repercutir en su salud o volverlo indiferente ante obstáculos que detendrían a alguien de una rígida moralidad. En consecuencia, esta lucha hace del sujeto un ser despiadado y sin escrúpulos. Simboliza también el matrimonio realizado precipitadamente en edad juvenil, las nubes que ofuscan la serenidad de la vida en pareja y la separación.

Marte en la octava casa: puede indicar tanto muerte violenta del sujeto o un consanguíneo, como controversias por causa de una herencia.

Marte en la novena casa: en sentido positivo simboliza la completa dedicación a una causa, seguida incluso ante la perspectiva de tremendos peligros; odio hacia todo tipo de fe religiosa. Indica un carácter que no desciende a compromisos.

Marte en la décima casa: significa la violencia utilizada para afirmarse en el campo social, ya que en esta casa el sujeto se hace temer por la sociedad a la que pertenece.

Marte en la undécima casa: simboliza la amistad en su expresión más dictatorial. El amigo del sujeto será su único gran amigo, pero si no se somete a los imperativos de aquél, se convertirá en enemigo implacable.

Indica también disputas sostenidas en defensa de un amigo o pariente.

Marte en la duodécima casa: significa tanto los impedimentos impuestos por el destino, como los riesgos que se corren al sufrir una operación.

Júpiter según las casas

Significa una vida fácil, sin luchas ni peligros respecto al desarrollo del individuo. En sentido positivo, indica opulencia y éxito. En sentido negativo: despilfarro de bienes materiales y malos negocios por incapacidad propia.

Júpiter en la primera casa: representa la simpatía que el sujeto irradia a su alrededor, la alegría de vivir y el amor por la naturaleza.

Júpiter en la segunda casa: indica la buena administración de las propias riquezas, las inversiones provechosas y que facilitan la vida.

Júpiter en la tercera casa: significa facilidad para los estudios y para la superación de pruebas de carácter escolástico o didáctico.

Júpiter en la cuarta casa: significa los padres que influyen beneficiosamente en los estudios del hijo, el cual acrecentará la propiedad paterna con su aportación a los negocios e inversiones.

Júpiter en la quinta casa: indica éxito perfecto en la expresión artística y satisfacciones dadas por los hijos.

Júpiter en la sexta casa: significa éxito en el mundo del trabajo y óptimas relaciones con los compañeros y superiores; en el caso probable de que el sujeto conquiste una posición de mando, será respetado y obedecido por sus subalternos.

Júpiter en la séptima casa: indica enormes ventajas provenientes de las relaciones sociales de las que el sujeto forma parte como protagonista indispensable para el buen éxito de dichas relaciones.

Júpiter en la octava casa: indica riqueza a través de una herencia, matrimonio o sociedad.

Júpiter en la novena casa: significa la objetividad con la que el sujeto acepta las críticas formuladas por otros y el gran respeto que le infunden las ideas, incluso contrarias a las suyas, siempre que se basen en una seriedad moral e intelectual.

Júpiter en la décima casa: indica el poder que el sujeto ejerce sobre los demás, tanto en el plano económico, como militar o político. Facilidad con la que el sujeto alcanza la gloria.

Júpiter en la undécima casa: simboliza la forma por la que el sujeto alcanza una posición social, por el éxito personal o bien a través de una amistad influyente que lo relaciona con personajes bien situados.

Júpiter en la duodécima casa: indica las victorias del individuo frente a los obstáculos que el destino o los enemigos le deparan.

Saturno según las casas

Representa el destino y las dificultades que se presentan al individuo. En sentido positivo indica superioridad intelectual. En sentido negativo, los tormentos interiores que torturan al individuo.

Saturno en la primera casa: indica la dificultad del sujeto en la comunicación con los demás.

Saturno en la segunda casa: representa los dos polos extremos de la riqueza, la prodigalidad excesiva y la avaricia que muchas veces denota un espíritu tacaño y cruel.

Saturno en la tercera casa: representa una inteligencia fría y distante, capaz de asimilar únicamente materias exactas, como las matemáticas o las ciencias. Las relaciones con los familiares se ven, a menudo, marcadas por la indiferencia debido a las dificultades del individuo para participar en sus penas y alegrías.

Saturno en la cuarta casa: representa la imposibilidad del individuo para establecer una relación afectiva con los padres, en los que ve sólo la severidad mostrada hacia él.

Saturno en la quinta casa: simboliza el extremismo en el terreno erótico y sentimental: o amantes perfectos por el control sobrehumano que poseen, aunque les falte apasionamiento, o tímidos conejitos inhibidos y frustrados con miedo a todo lo referente al amor y el erotismo. Fácilmente el sujeto puede vivir en el recuerdo de un amor platónico nacido en la escuela, que no quiere ensuciar dedicándose a actividad sexual alguna.

Saturno en la sexta casa: representa tanto una posición laboral alcanzada a través del sacrificio, como enfrentamientos con los compañeros.

Saturno en la séptima casa: indica matrimonio por motivos de interés; matrimonio realizado tras obstáculos de todo tipo cuya superación engendra una tensión que lentamente arruina la salud del sujeto; matrimonio basado más sobre la estima que sobre el amor, sin pena ni alegría, sereno y tranquilo.

Saturno en la octava casa: mientras que los demás planetas aportan dinero a través de una herencia o asociación, Saturno en esta casa favorece las herencias onerosas o endeudadoras.

Saturno en la novena casa: representa el aprendizaje teórico y la filosofía. Es índice de sabiduría y comprensión.

Saturno en la décima casa: éxito obtenido en las relaciones mundanas, bastante discutible y fácilmente sujeto a reveses.

Saturno en la undécima casa: indica amistad con un individuo más anciano que el sujeto. La amistad es interpretada y acogida con una cierta frialdad, casi soportada, amando el individuo más la soledad que la relación con los demás.

Saturno en la duodécima casa: representa el esfuerzo del individuo por superar los obstáculos que el destino le depara.

Urano según las casas

Imprevistos que toman por sorpresa al individuo. En sentido positivo: caprichos. En sentido negativo: rebelión abierta y sin frenos frente a las convenciones, la moral y la sociedad.

Urano en la primera casa: indica individualismo por el que se afirma la personalidad.

Urano en la segunda casa: representa ganancias que en un primer momento parecen irrealizables y que por el contrario se verifican puntualmente.

Urano en la tercera casa: indica viajes que a menudo comportan peligro; autonomía que el individuo mantiene frente a los demás.

Urano en la cuarta casa: significa cambios en la vida familiar, por los que el sujeto se ve libre, siendo aún joven, de la influencia y autoridad paternas.

Urano en la quinta casa: indica flechazo que conduce al individuo a abandonar la vida tranquila para correr tras la aventura, tanto puramente erótica como sentimental. Amor por todo lo artístico.

Urano en la sexta casa: representa una excesiva independencia que conduce al sujeto a romper sus lazos con los compañeros de trabajo. Crisis de salud.

Urano en la séptima casa: significa independencia y libertad como base de la relación sentimental.

Urano en la octava casa: indica una herencia imprevista.

Urano en la novena casa: indica todo lo que significa descubrimiento, renovación, innovación, curiosidad por conocer, pero también los peligros que se corren cuando se emprende un viaje.

Urano en la décima casa: representa la suerte del sujeto en todo lo que signifique relaciones mundanas y escalada hacia el éxito.

Urano en la undécima casa: indica renovación y cambio imprevisto de amistades por desavenencias profundas e imprevistas. Los amigos serán de extracción intelectual y harán excesivamente cerebral la relación amistosa.

Urano en la duodécima casa: significa la inquietud que asalta al sujeto cuando ha de superar pruebas de extrema importancia.

Neptuno según las casas

Influencia del ambiente sobre el individuo. En sentido positivo: la gran humanidad que mueve al individuo por los problemas de los demás. En sentido negativo: excesiva influencia del ambiente sobre el individuo privándole de su personalidad.

Neptuno en la primera casa: simboliza la hipersensibilidad del individuo que lo conduce a manifestaciones de locura.

Neptuno en la segunda casa: representa la desorganización en las finanzas y también la llegada imprevista de dinero.

Neptuno en la tercera casa: simboliza sueños de viajes fantásticos a mundos irreales, pues representa todo lo quimérico.

Neptuno en la cuarta casa: indica que el amor por la aventura, meramente ideal, influirá también en la vida familiar, que será desorganizada y caótica.

Neptuno en la quinta casa: representa un amor romántico; también morbosidad sexual.

Neptuno en la sexta casa: representa un mundo laboral particularmente propicio al individuo si tiene sensibilidad.

Neptuno en la séptima casa: indica irregularidad en el matrimonio. Puede indicar también un matrimonio que ha alcanzado la felicidad después de mucho tiempo.

Neptuno en la octava casa: representa enfermedades de carácter nervioso; éxito en la profesión de la ciencia parapsicológica.

Neptuno en la novena casa: simboliza la comunicatividad del individuo; creencia ciega en la fe religiosa.

Neptuno en la décima casa: representa el mundo del arte y está ligado a la sensibilidad artística del individuo que, por su gran receptividad, encuentra en esta casa gran acogida.

Neptuno en la undécima casa: indica tanto la inconstancia de las amistades como daños perpetrados contra un amigo.

Neptuno en la duodécima casa: significa una traición hecha o sufrida.

Plutón según las casas

Simboliza la instintividad del individuo. Por tanto representa todo lo concerniente a la creación y destrucción.

Plutón en la primera casa: simboliza la continua tensión nerviosa que conduce al individuo tanto a ia creación como a la destrucción.

Plutón en la segunda casa: indica un negocio importante en extremo secreto o ruina económica.

Plutón en la tercera casa: indica el descubrimiento filosófico de problemas teóricos, a través de la profundidad del pensamiento. El que viaje puede correr grandes riesgos.

Plutón en la cuarta casa: simboliza los secretos que los padres no comparten con los hijos.

Plutón en la quinta casa: indica un amor misterioso o atormentado.

Plutón en la sexta casa: significa éxito en el mundo del trabajo a través de una ocupación particular que se sale de los esquemas corrientes.

Plutón en la séptima casa: indica un matrimonio feliz y que después de años de unión conserva el ardor del primer momento.

Plutón en la octava casa: significa una profunda inclinación del sujeto hacia el mundo parapsicológico; ayuda económica por parte de una amiga.

Plutón en la novena casa: simboliza tanto la atracción hacia todo lo espiritual como la enajenación mental.

Plutón en la décima casa: indica tanto el amor irresistible hacia una determinada profesión, incluso peligrosa, como una recesión en la actividad profesional.

Plutón en la undécima casa: significa extremismo en la amistad y en el amor; amor u odio, primero amor desmesurado y después odio ciego.

Plutón en la duodécima casa: representa la intriga; salud enfermiza, sujeta fácilmente a enfermedades muy graves.

Los signos

Como sabemos, la astrología conoce doce signos del zodíaco:

Aries: del 21 de marzo al 20 de abril
Tauro: del 21 de abril al 20 de mayo
Géminis: del 21 de mayo al 21 de junio
Cáncer: del 22 de junio al 22 de julio
Leo: del 23 de julio al 22 de agosto
Virgo: del 23 de agosto al 22 de setiembre
Libra: del 23 de setiembre al 22 de octubre
Escorpión: del 23 de octubre al 21 de noviembre
Sagitario: del 22 de noviembre al 20 de diciembre
Capricornio: del 21 de diciembre al 19 de enero
Acuario: del 20 de enero al 19 de febrero
Piscis: del 20 de febrero al 20 de marzo.

La astrología no se refiere sólo al período en el que un signo tiene su comienzo y su fin, sino que distingue entre signos cardinales, fijos y móviles.
— Son cardinales los signos siguientes: Aries, Cáncer, Libra y Capricornio.
— Son móviles los siguientes signos: Géminis, Virgo, Sagitario y Piscis.

— Son fijos los siguientes signos: Tauro, Leo, Escorpión y Acuario.

Además, a cada elemento corresponde un grupo de tres signos, así:

al elemento fuego pertenecen: Aries, Leo y Sagitario;

al elemento tierra pertenecen: Tauro, Virgo y Capricornio;

al elemento aire pertenecen: Géminis, Libra y Acuario;

al elemento agua pertenecen: Cáncer, Escorpión y Piscis.

Existe una última distinción entre signos masculinos: Aries, Géminis, Leo, Libra, Sagitario y Acuario; y signos femeninos: Tauro, Cáncer, Virgo, Escorpión, Capricornio y Piscis.

ARIES

Ptolomeo en su *Tetrabiblos* dice que las características principales de este signo son: audacia, desorganización, impaciencia, erotismo, gran actividad muscular y nerviosa, independencia y valentía.

El optimismo es prerrogativa del tipo Aries, aunque difícilmente logra controlar y dirigir la agresividad que le es propia al servicio de su ambición, ya que para él sólo es importante iniciar bien las cosas que, no obstante, no lleva casi nunca a término.

Es extremista y no conoce la programación de su futuro. No es rencoroso, aunque sus ataques de ira son violentos y a veces hieren a su adversario en lo más hondo. Para la combatividad del Aries no existen obstáculos, no representando éstos más que un aliciente. Los obstáculos que se le oponen son destruidos, más que saltados o rodeados. La alegría y el dolor son para él sentimientos extremos y que sufre con exceso, aunque duren sólo una mañana.

El elemento fuego, característico de Aries, y Marte, dios de la guerra, que tiene su casa en Aries, hacen de este signo uno de los más vitales y dinámicos del zodíaco. Si se encuentra ante un acontecimiento imprevisto, su reacción es instintiva y puede pasar del pánico a la inmediata autodefensa. Este tipo tiene absolutamente necesidad de una fe por la que luchar y una meta a la que aspirar; si le falta un credo no puede llevar a cabo nada bueno. La inteligencia del tipo Aries es intuitiva e instintiva y no puede encontrarse bien con personas mediocres que lleven una vida monótona, gris y solitaria. De hecho, este tipo quiere rodearse de gente, aunque sólo sea por acaparar el centro de la atención.

Quiere ser siempre el protagonista, y lo logra por hallarse dotado de una simpatía y espontaneidad únicas.

La vida afectiva de este tipo, especialmente en su juventud, se encuentra llena de aventuras sentimentales y eróticas. Su amor, dada la extrema sensualidad que lo caracteriza, es de muy breve duración por su tendencia a quemar todo de una vez.

El tono de voz de este tipo es como un torrente impetuoso: transforma la alabanza en adulación y el insulto en algo verdaderamente tremendo.

Naturalmente, estas cualidades pueden transformarse en defecto o, aun peor, en vicios, cuando en el signo tengan su casa planetas opuestos al belicoso Marte. El Aries, deseoso de ser el centro de la atención, tiene en consecuencia necesidad de ser adorado por la mujer amada. La unión por excelencia es la de este signo, dominado por Marte y el signo de Tauro, dominado por Venus. Es la virilidad que se opone y se complementa con la feminidad. La mujer Tauro sabrá mantener intacto el amor del Aries, a condición de que sepa renunciar a sus sentimientos de celos y posesión que le son característicos. Además de con la mujer Tauro, la unión perfecta la logrará con la Sagitario, la cual sabrá darle el gusto por la lucha amorosa. Para Aries significa la mujer fatal, pero con la que podrá también establecer una relación de amistad.

Por el contrario, la unión, desaconsejable es la de Aries y Leo, dada la extraordinaria seguridad que posee la mujer Leo, capaz, por su manera de actuar, de dominar la predominancia masculina del Aries y de destruir así una unión que al menos en su inicio podía parecer armónica y duradera.

Respecto a la elección profesional, el Aries se enfrascará en su trabajo preocupándose únicamente de que satisfaga las exigencias físicas y psíquicas de su organismo, colocando en un segundo plano sus ganancias económicas. Mientras su estado físico se lo permita, la vitalidad desarrollada en el trabajo será sobrehumana, y si le acompaña la perseverancia, tan rara en este tipo, nos encontraremos frente a un hombre de primera categoría y capaz en cualquier campo, tanto en el artístico como en el económico.

Las enfermedades que caracterizan a este signo son las que afectan sobre todo a los ojos, oídos y dientes. Es el signo en el que antes cesa la actividad sexual, alcanzando en poco tiempo el climaterio masculino, que vendrá acompañado de síndromes depresivos que afectarán gravemente a todo el sistema nervioso, a veces de forma irreparable. También la arteriosclerosis lo alcanza antes de lo normalmente previsto. Llevado por su instinto a la conquista tanto en el campo laboral como en el afectivo, empezará y llevará a término en breve espacio de tiempo efímeros éxitos, honor y gloria.

La simpatía que emana de este tipo puede crearle muchos enemigos porque es tomada como soberbia. Junto con el Escorpión es el niño más apasionante de educar por la vitalidad que lo caracteriza. La educación de este niño debe consistir sobre todo en hacerle amar las cosas bellas y a racionalizar su inteligencia, demasiado dispersa.

Los deportes en los que destacará serán los destinados a descargar su energía nerviosa.

Su entusiasmo hacia toda acción emprendida se dirige particuarmente al dominio sobre una persona o cosa, aunque difícilmente logra obtener el éxito deseado, al faltarle paciencia y perseverancia.

No constituye un signo favorable respecto a la personalidad de la mujer, por ser un signo de fuego, cardinal y masculino. Ésta será poco femenina, odiará todo lo romántico e intentará suplantar al hombre en la dirección de la casa y la educación de los hijos. Es la mujer fatal que sabe donde quiere ir y que, fiándose en un instinto fuertemente egocéntrico, es difícilmente dominada, aunque a veces lo haga creer. El hombre elegido por ella deberá poseer dotes de belleza y simpatía tan exclusivas y utópicas que con facilidad la mujer Aries se verá insatisfecha y pasará de un amor a otro, quedando siempre decepcionada. Podrá encontrar fácilmente el gran amor en estos signos: Leo, Géminis, Acuario y Sagitario, los cuales pueden ofrecer a este tipo de mujer el amor que desea, instintivo y un poco polémico, pero luchador y vivaz en la medida que permite que el amor no acabe en monotonía. El tipo de mujer Aries no es precisamente constante y, a la mínima ofensa o traición de la persona amada, se la devuelve igual, siempre que sea una venganza inmediata, ya que, como sabemos, la perseverancia no es precisamente la cualidad de este signo. Tanto el hombre como la mujer Aries reaccionan frente al abandono sentimental con toda su fuerza, utilizando su gran capacidad erótica para conservar ligada a sí a la persona amada.

La mujer que ame a un Aries podrá conquistarlo siempre que le sea fiel y al mismo tiempo le dé la impresión de no haberla conquistado del todo. Sepan las mujeres que aman a un Aries, que la fidelidad de este tipo es a prueba de bomba, si ellas son siempre vitales, amantes de los viajes, de los nuevos descubrimientos, si se cuidan de su persona y no se lamentan de los males físicos y mentales que les agobien.

Muy distinto es conquistar a la mujer Aries. No hay que darle tiempo a que organice su contraataque, hay que iniciar el cortejo primero, adulándola por su belleza e indiscutibles dotes de simpatía y alegría, para, a continuación, pasar a una crítica destructiva y metódica de las mismas alabanzas que se le hayan prodigado. No se debe temer demostrarse demasiado seguros de sí mismos: este tipo de mujer ama y teme todo lo que representa fuerza y valentía. Pero, si tras el éxito de los primeros avances, quien la corteja quiere hacerse desear, cometerá un error gravísimo, ya que la inconstancia de esta mujer se encuentra tan enraizada en ella que su pasión se apagará tal como ha nacido. Esto también es válido si se quiere darle celos. La unión con la mujer Aries es absolutamente contraindicada para los nacidos bajo el signo de Escorpión, ya que ellos también tienen como planeta a Marte. Más que nada, la nacida en Aries es una mujer para flirtrear.

TAURO

El signo de Tauro tiene bien asentados los pies sobre la tierra, sin tantas complicaciones. Es, según Lucía Alberti, el más realista de todos, tenaz y obstinado. Es un signo de inteligencia lenta pero asimiladora, racional, poco inclinada a la aventura, tranquilo, y constante en sus decisiones. Es un signo de tierra fijo, femenino y en el que ha elegido su domicilio Venus, diosa del amor. Signo carnal, pero no sensualmente excesivo, sabe, no obstante, amar con gran dulzura, aunque tanto en el amor como en el trabajo sea un formulista. Es el hombre que cuando ama lo hace por toda la eternidad, a condición de que el objeto de su amor sepa darle la tranquilidad y el afecto que lo caracterizan como signo. En la antigüedad era representado como un toro salvaje y agresivo, como la vaca fecunda y paciente y como el buey trabajador.

La estabilidad de su carácter le permite una coherencia a veces inhumana, ya que es el único signo que sabe sopesar en su justo valor tanto el pro como el contra. Es amante de la naturaleza y el signo al que más le gusta su propia tranquilidad, tanto afectiva como psíquica y moral. Si Saturno influye en él de manera decisiva, será un tipo pasivo y lento en sus decisiones, pero perseverante y capaz de llevar a cabo su cometido. Desde niño se inclina hacia la investigación sobre la esencialidad de las cosas, aunque le falta instintividad y espontaneidad.

Por tanto, hay que enseñarle a un niño de este tipo la forma de superar el egoísmo que lo ata a sus cosas. Es el signo que más aprecia la lógica y el razonamiento. El amor, tanto afectivo como material, es de importancia vital para él. Tiene una voz agradable y, sobre todo, la gran ventaja y cualidad de saber escuchar.

Físicamente, este signo simboliza la robustez anatómica; el cuello es el clásico taurino, las cejas amplias y espesas, el rostro cuadrado y los ojos dulces y grandes. No por nada han nacido bajo este signo, testarudo e inclinado al raciocinio, filósofos como Marx, Kant, Stuart Mill, artistas fríos y racionalistas como Salvador Dalí y Balzac, y músicos famosos como Wagner. Para este signo, el trabajo representa una fuente de ganancias, y cualquiera que sea el campo artístico en el que intente afirmarse lo hará únicamente por sed de dinero. La inteligencia de este tipo, aunque lenta, tiene siempre una finalidad práctica. Todo lo que aparece ante sus ojos es perfectamente encasillado en su cerebro y no lo olvidará jamás. Las enfermedades que sufra, difícilmente serán de rápida curación. Tiende a la obesidad y sobre todo sufre de cólicos renales y enfermedades de garganta. La diabetes es una enfermedad característica de este signo. Siendo de buen comer, sufrirá trastornos del tubo digestivo y de la digestión en general. También tiene los oídos y pulmones muy débiles. El instinto de propiedad se halla muy arraigado en este signo. El Tauro es un tipo muy influenciable en sus relaciones con los demás y buscará siempre entablar amistad con personalidades influyentes. No conoce obstáculos en las metas que profesionalmente se ha fijado. Tiene un agudo sentido de los negocios, por lo que puede convertirse fácilmente en un buen director de empresa, hábil, honesto y expeditivo. En el campo del arte y en su juventud, puede ser un óptimo cantante con una bonita voz, pero que fácilmente puede perder.

Tiene una gran fe en el matrimonio y el signo con el que por excelencia puede llevarse de acuerdo y realizar una unión feliz es Virgo; el Tauro, aunque al principio no se sienta físicamente atraído hacia el Virgo, lo es en lo que concierne a la vida familiar y la educación de los hijos. La unión entre estos dos signos será efectivamente sólida y duradera. Es aconsejable también la unión entre el Tauro y la Sagitario que, estimulándolo en toda empresa a que se lance, hará de él una personalidad en el mundo laboral.

Al no arrojarse en el amor con los ojos cerrados, sino sopesando y criticando punto por punto las cualidades y defectos de la mujer amada, sufrirá con facilidad frecuentes desengaños amorosos.

No obstante, no hay que engañarse respecto al Tauro, ya que por ejemplo cuando escoge una profesión le es fiel hasta el final, siempre, bien entendido, que sea satisfactoria también, y sobre todo, a nivel económico. Bajo este signo se encuentran los mejores economistas y políticos, perseverantes y realistas.

Es el signo más conservador del zodíaco, a pesar de su agudo sentido de la justicia. Junto con el Escorpión es uno de los más celosos, y posesivos, e irrevocable en sus decisiones sentimentales.

Por una frase fuera de lugar, este signo puede fácilmente romper una amistad o una relación afectiva. Aún poseyendo una energía física inagotable, a menudo, al igual que el Aries, la agota en su primera juventud, quizá porque su físico netamente masculino gusta mucho a las mujeres y él no sabe rechazarlas. No obstante, en él el lado afectivo va parejo con el sentimental. Es un espléndido amante que, sin embargo, no pierde, ni siquiera en los momentos de pasión, el sentido realista de las cosas. Musicalmente es el signo más fecundo de todos. Strauss, Massenet, Puccini, además de Wagner, ya señalado, han nacido bajo este signo.

La mujer Tauro, tiene cierta inclinación por las profesiones artísticas, pero su interés principal recae en el matrimonio, en el que destacará como una perfecta ama de casa. La belleza de esta mujer es de apariencia frágil, tiene ojos extraordinarios y grandísimos, de una belleza divina. Al igual que en el varón, en la mujer Tauro el lado práctico y económico encuentra una base sólida.

Ama con tierno amor a su compañero, pero su posesividad y celos pueden hacérselo perder o cansarlo; cosa por otra parte raramente verificable, ya que el amor de este tipo de mujer por sus propios hijos, típicamente materno, le inducen a aceptar incluso el lado negativo de un matrimonio. Es una mujer que sabe lo que quiere tanto respecto al hombre como a su profesión. Las mujeres de este signo pueden encontrar una unión feliz con los nacidos bajo el signo de Virgo, pero su complementario es sobre todo el de Cáncer. Es desaconsejable su unión con el Escorpión, hacia el que no obstante se siente irresistiblemente atraída por su soberbia belleza varonil.

La alegría y buen humor de la mujer Tauro se ven, no obstante, sujetos a cambios que le llevan a la pasividad o la melancolía. Puede ser también un tipo frío, que más tarde se convierte en pasional. No obstante, es una mujer que se fija metas precisas y sabe seguirlas y, si la ocasión le es favorable, puede convertirse en una gran mujer, como lo demuestran Margarita de Navarra y Catalina de Rusia, nacidas bajo este signo.

Aunque el signo de Tauro no se encuentra dotado de una inteligencia rápida e intuitiva, la paciencia con la que sabe construirse su vida afectiva y profesional le procurará una vejez serena, sin preocupaciones económicas y rodeada del afecto de los suyos. A veces, la parsimonia con la que gasta el dinero, puede hacerlo parecer tacaño y avariento; en realidad, en él es sólo prudencia. Piensa siempre en el mañana y, si no se ve atosigado, intenta dominar y programar el día siguiente sin descorazonarse por eventuales obstáculos.

Se trata de individuos equilibrados y no excesivamente comunicativos con los demás, pero que, cuando es necesario, se encuentran prontos a ofrecer una ayuda a cualquiera. Es el signo más laborioso y constructivo de todo el zodíaco. En sentido negativo, nos encontraremos frente a un abúlico cumplidor de órdenes, incapaz de decisiones propias, que prefiere agregarse a los demás de forma anónima y conformista.

No obstante, generalmente, el individuo Tauro es una amalgama de factores positivos y negativos que, si los conoce y sabe dirigirlos hacia el buen camino, harán de él tanto un consciente y preparado trabajador, como un perfecto cumplidor de órdenes, pero que conservará íntegra su personalidad.

GÉMINIS

Es el signo más contradictorio de todo el zodíaco y, entre los signos de aire, también el más móvil, ya que en él ha elegido su domicilio el planeta Mercurio. La ambivalencia de este signo puede llevarle tanto hacia el bien como hacia el mal. Es optimista y hace todo con placer por los demás. Óptimo orador, convence fácilmente a los demás con su dialéctica. Tanto puede ser nervioso como ponderado en sus decisiones. La relación afectiva tiene generalmente una base erótica. Suele ser el tipo de muchos amoríos, ya que desconfía instintivamente del sexo opuesto. El deseo de gustar se encuentra tan arraigado en este signo, que a veces llega hasta el ridículo; es considerado como un irresistible Don Juan. Su voz es cálida y persuasiva, aunque en el fondo no sabe mantener una cierta coherencia dialéctica.

La constelación de Géminis, compuesta de los mitológicos Cástor y Pólux, significa ambivalencia por lo que puede existir en el sujeto una continua lucha espiritual que a la larga le corroe los nervios convirtiéndolo en un neurótico. Es tan diplomático que logra no ganarse rencor alguno por sus errores. Aunque narcisista al extremo, logra ser un seductor incomparable por la gracia y simpatía de sus palabras. Su finalidad principal más que la conquista, es la de hacerse atractivo, cosa más que posible dada su exuberancia física y dotes intelectuales.

No constituye precisamente un tipo trabajador, pero puede destacar en el desarrollo de una profesión de carácter intelectual que al mismo tiempo le permita descargar su energía física.

A menudo es un inconstante por su inseguridad en la elección de profesión. Puede destacar fácilmente en el periodismo como también puede convertirse en un gran escritor tipo Hemingway, Pirandello, el filósofo y novelista Jean- Paul Sartre y Kafka. Aunque grande como artista es verdaderamente un desastre como ahorrador, dilapidando todo su dinero e incluso el ajeno.

Desde niño su espíritu de observación es muy agudo, por lo que su inteligencia es asimiladora y pronta a la respuesta inmediata y a veces cáustica.

Afectivamente, su unión por excelencia es con el signo de Libra, por el amor morboso que ambos sienten hacia la propia persona. La vida en común se desarrollará siempre llena de alegría y optimismo, por la facilidad con la que ambos signos saben rodearse de amigos. También realizará una buena unión con la mujer Sagitario, ya que ambos soportan alegremente las infidelidades del otro.

Entre Géminis y Aries, se verifica una relación amistosa y de colaboración material. Por el contrario, la unión con la mujer Tauro se anuncia precaria por los celos de ella. Absolutamente contraindicada con la mujer Cáncer, Leo, Virgo y Escorpión. La unión con la mujer Capricornio es triste y conduce fácilmente a la miseria, y el matrimonio con una Piscis lleva a la monotonía. Con la mujer Acuario la unión es casi perfecta, complementándose espiritualmente. Sufre enfermedades de los pulmones y del sistema neuro- vegetativo en general.

La mujer Géminis se encuentra siempre pronta y disponible en el aspecto sexual. Pierde fácilmente la cabeza y se divierte jugando con el amor como con un juguete. Aparentemente puede ser fría, pero en realidad es toda fuego. Inclinada a la aventura sentimental, puede dominar su pasión durante un cierto tiempo, pero después ésta explota violentamente en toda su crudeza salvaje. Es lo suficientemente emotiva y sensible como para ser una amante cálida y sensual. Es un tipo de mujer que no envejece nunca y que pasa de la risa a las lágrimas con extraordinaria facilidad. Puede encontrarse de acuerdo con un signo fuerte como Leo o sensualmente afectivo como Libra. Por el contrario, resulta cruda y dolorosa su relación con Escorpión, que la embrutecerá, privándola de su libertad, no permitiéndole devaneos y encerrándola en una torre de marfil de la que difícilmente sabrá escapar. A veces incomprensible en sus ideas, tiene el buen gusto de saberlas adaptar al lugar y a las circunstancias; la hipocresía es, no obstante, el punto en el que se apoya para triunfar tanto en el campo afectivo como en el material. Ante el peligro, huye sin volverse atrás, e incluso cuando ama, si en una situación hay riesgo de peligro, abandona el campo. Es valiente sólo de palabra.

El Géminis sabe sacar el máximo partido del papel que la vida le ha asignado; puede ser tanto un revolucionario fanático, como un tirano cruel y represivo; aun cuando la situación no presente riesgos y todo se transforme en una farsa, que tanto él como ella sabrán convertir en dramática. Infiel por naturaleza, sabe conquistar a las mujeres por su teatro y por la ternura que puede inspirar su conducta, que sabe pasar de la melancolía a la alegría con extraordinaria facilidad.

En la antigüedad, este signo era representado por medio de dos niños cogidos de la mano, teniendo en la mano libre, uno el cetro de Apolo y el otro la clava de Hércules. Por tanto, es comprensible cómo la ambivalencia de este signo puede influir tanto positiva como negativamente en el individuo. Nos encontramos ante un hombre de doble vida, doble moral y doble sexo. La homosexualidad latente en este signo se manifiesta generalmente como una sublimación cerebral; aunque, a veces, se manifieste también, de hecho, por su excesivo amor hacia sí mismo, o su narcisismo, primera fase de la homosexualidad. El nacido bajo Géminis puede ser tanto un ladrón de guante blanco, como un jugador de azar, o un intelectual dedicado a la investigación, ya que en este signo ha elegido su domicilio Mercurio, adorado en la antigüedad como el sagaz e inteligente protector de los ladrones, los comerciantes y las actividades intelectuales.

CÁNCER

Éste es el signo conservador por excelencia, sobre todo en lo concerniente a su pasado, que para él representa lo más bello y querido de la existencia. Es un signo de agua, cardinal, femenino, en el que la Luna ha elegido su domicilio, lo que le da una gran afectividad por su familia y la persona amada.

Es crédulo a todo lo que se le dice y, dada su extrema receptividad, se conmueve con las historias dramáticas que escucha. Tiene una personalidad complicada, a la que difícilmente puede accederse. Desde niño hay que dirigir su carácter hacia un fin preciso, de modo que sepa distinguir entre el bien y el mal, sin por ello castigarlo con excesiva severidad.

Hay que tratarlo siempre con dulzura y obtendréis de él lo que queráis; pero, atención, si ve que os comportáis con él hipócritamente para manejarlo a vuestro gusto, se convertirá en un enemigo implacable. Es un romántico atraído por todo lo que representa belleza, dulzura y sobre todo feminidad y gusto por el amor. Para él el amar representa casi siempre un problema, dada su fidelidad a la imagen de una mujer que su fantasía infantil ha creado, casi siempre la proyección femenina de su madre, hacia la cual profesa un gran afecto. Aunque indolente, pondera bien las decisiones que debe tomar, y cuando llega el momento de llevarlas a cabo, nada ni nadie puede hacerle desistir de su empeño.

La voluntad del Cáncer se completa y manifiesta sólo cuando encuentra a su lado una persona de carácter fuerte y autoritario que, sin embargo, no lo tome a la ligera o lo trate con sarcasmo.

No es raro que el Cáncer plante en un momento dado todo por una frase burlona dicha en momento poco oportuno. Así como el Géminis es un narcisista convencido y convincente, el Cáncer es fácil que llegue a serlo cuando el mundo exterior, compuesto por la familia y compañeros de trabajo, no logren comprender sus manifestaciones típicamente emotivas.

En el plano afectivo, es exigente en la elección de la mujer con la que unirse. Además de por su belleza y apariencia física, casi siempre elementos indispensables para él, gusta a las mujeres por la timidez y gracia con la que sabe expresarse, sin constituir por ello un gran orador o un seductor irresistible. Ejerce su atractivo sobre todo en mujeres maduras.

Decididamente, resulta negativa la unión de Cáncer con Aries, mientras que con la mujer Tauro logra comunicarse en el plano práctico y afectivo en edad avanzada. Con la Géminis puede existir una buena comunicación espiritual y el matrimonio se fundará en una convivencia serena. Con la Cáncer la unión es desaconsejable por la desconfianza innata que los separa, creando entre ellos un abismo insondable. Con la Leo la relación será de breve duración, pero intensa desde el punto de vista erótico. Con la Libra, es mejor que la relación sea de amistad; la mujer Libra encontrará en el hombre Cáncer el amigo y consejero fiel y desinteresado. Con la mujer Escorpión la ruptura es fácil y puede convertir el amor en odio; con la Sagitario, si el Cáncer es pasivo y abúlico, puede existir una amistad fácil que con el tiempo se transformará en afecto, pero raramente en un amor apasionado. Con la mujer Capricornio la unión es contraindicada, por la frialdad y distancia- miento de tal mujer, que harán el matrimonio triste y monótono. También con la mujer Acuario el matrimonio es desaconsejable, por la tendencia de este signo a aspirar a metas meramente intelectuales, mientras que con la Capricornio predomina casi siempre el lado práctico. Una unión entre Cáncer y Piscis puede tener éxito, aunque el matrimonio sea problemático y lleno de incertidumbres por la extrema sensibilidad receptiva de estos dos signos de Agua. La unión por excelencia será entre Cáncer y Virgo, la cual sabrá organizar la caótica existencia de este hombre.

La fisonomía de este signo no es de las más agradables, por la redondez de las líneas del rostro que le prestan una expresión algo ausente y fuera de tiempo. El estómago es la parte más delicada de todo su organismo; úlceras, diabetes y cólicos renales son los males a los que más fácilmente se ve sujeto. Tiende a la obesidad ya desde la juventud.

La continua necesidad de ser considerado por lo que vale, le aporta disgustos que inevitablemente afectan al físico, dañando gravemente su sistema neurovegetativo.

La emotividad de este signo le lleva a considerar el arte como algo grandioso y que absorbe todas sus energías tanto psíquicas como físicas, como lo demuestran el pianista y compositor Tchaikovsky, el director de cine Ingmar Bergman, el filósofo Jean Jacques Rousseau y el escritor Marcel Proust, nacidos bajo el signo de Cáncer.

La mujer Cáncer, por el contrario, se encuentra fácilmente inclinada a idealizar el amor, pretendiendo a veces lo imposible del hombre que está a su lado. Altruista en exceso, manifiesta su personalidad a través de la persona amada, y basta con que ésta no responda a las exigencias afectivas y prácticas de una mujer así para ofenderla en su sensibilidad.

Al igual que el hombre, la mujer Cáncer es muy influenciable por el ambiente y las personas que la rodean y, aunque ame las cosas bellas, no es una fanática arrivista. Siempre piensa que es subvalorada, por lo que se considera incomprendida. Puede sólo encontrar su complemento en un hombre que le dé la sensación de ser única y que sepa romantizar su amor cotidianamente. Su innato instinto maternal puede llevarla hacia un hombre no precisamente honesto. La mujer Cáncer tiene la vocación de proteger al perseguido por la sociedad, y su continua necesidad de idealizar la lleva a creer que el perseguido tiene la razón y la sociedad está equivocada. Se ve morbosamente atraída por los individuos fuera de la ley. En el caso de que sea abandonada por el hombre que ama, permanece fiel a su imagen, atormentándose y pretendiendo de los demás compasión y comprensión. Puede también suceder que se vuelva malvada y llena de hastío frente al mundo entero, cambiando así completamente de personalidad. Gráficamente, en la antigüedad este signo era representado como el crustáceo encerrado en su caparazón protector. Más que al cangrejo se solía representar al camarón, cuyo significado era la introversión y la dificultad de comunicación. El camarón, como se sabe, camina hacia atrás y el individuo nacido bajo el signo de Cáncer niega las verdades desagradables y guarda celosamente sus secretos y los de los demás.

Efectivamente, vemos cómo a menudo el sujeto se encierra en sí mismo, dentro de su cascarón, dél que sale sólo esporádicamente. Lo que significa un continuo rechazo del sujeto frente al mundo externo. El individuo ama la vida íntima y cultiva sus propias aspiraciones; no por nada ha elegido la Luna su domicilio en este signo, ya que la Luna es el planeta de la tranquilidad, la familia y el calor del hogar. Este signo tiene tan desarrollado el sentido trascendental de la vida que difícilmente soporta las personas banales o insignificantes, pero, como al mismo tiempo teme a las personas más inteligentes y preparadas que él, encuentra una salida muy simple, que es la de fiarse únicamente de su propio instinto. Nunca le parece que ha hecho suficiente y se encuentra casi siempre insatisfecho del trabajo y acciones emprendidas.

La relación sentimental es para él de una gran importancia, pero exige que el amor que él ofrece sea correspondido en igual medida por la persona amada. El ideal de mujer con el que sueña es más que bella, buena, más que refinada, femenina, y, sobre todo, una buena madre para sus hijos. La búsqueda constante de la mujer ideal con la que vivir, es, a veces, fatigante y se convierte en una espina constante que compromete la ya acentuada emotividad del sujeto. Lo dicho para el hombre es también válido respecto a la mujer.

LEO

Nos encontramos ante el signo mejor del zodíaco, signo fijo, de fuego, masculino y en el que tiene su domicilio el Sol. Inteligencia viva y brillante, exuberancia, distinción, señorío, generosidad que puede llegar a la prodigalidad, voluntad dirigida a una finalidad determinada, orgullo y ambición son las características de este signo. La excesiva grandiosidad en sus acciones lo hace antipático, ya que no sabe o no quiere esconderla. Odia toda forma de mezquindad y el deseo de destacar se encuentra muy radicado en él, estando cada gesto suyo, voluntario o no, dirigido a este fin.

En el Leo menos evolucionado intelectualmente estas dotes innatas se transformarán en defectos imposibles de eliminar.

Desde niño su voluntad se pone de manifiesto. Es un entusiasta, lo que a veces le lleva a pecar de soberbia. Pasional en sus sentimientos, no es capaz de esconderlos tras un velo de hipocresía, y, si se le desilusiona, no es extraño entonces que considere al amor como una debilidad a la que es mejor no supeditarse. Un Leo es fácilmente reconocible por su modo de andar lento y señorial, por su voz alta y de tono agradable, aunque difícilmente presta atención a lo que dicen los demás. La lucidez de este signo, que a menudo posee una lógica irrefutable, hace de él un gran político como Napoleón, Garibaldi, Mussolini, Fidel Castro y Lorenzo el Magnífico, nacidos bajo este signo. Sentimentalmente, es el signo que más difícilmente puede encontrar la mujer adecuada. Con la mujer Aries el matrimonio sería un fracaso por la falta de inteligencia que ésta demuestra frente a un Leo. Con la mujer Tauro puede existir, por el contrario, una unión pasional y erótica, y en caso de dos signos intelectual y espiritualmente elevados, también una complementación intelectual. Con la mujer Géminis se entablaría una rivalidad que minaría la relación. Con la Cáncer, aun siendo una unión basada en la mala fe, tiene grandes probabilidades de duración. Con la Leo será una batalladora y venturosa. Con la mujer Virgo, el matrimonio será perfecto únicamente en el aspecto práctico y no en el afectivo, por el excesivo distanciamiento de esta mujer respecto a las cuestiones sentimentales. Con la Libra la unión será siempre una incógnita por el egoísmo intrínseco de ambos signos. Con la Escorpión se entablará un flirt pasional y dramático en el que el Leo desempeñará la parte del sádico y la Escorpión la de la masoquista. Con la mujer Sagitario la unión puede inclinarse a una afectuosa amistad, con una comprensión puramente intelectual. Con la Capricornio la unión será triste, ya que una mujer así, tan fría y racional, no corresponderá sexualmente al hombre. Con la Acuario se verificarán tres fases: atracción intelectual y física, desilusión inmediata por los caprichos de una mujer así y abandono por parte del Leo de una mujer tan complicada. Finalmente, es completamente desaconsejable la unión entre el Leo y la Piscis, por los graves daños morales y materiales que una mujer tan sensible sufriría por parte del impetuoso Leo.

Aunque fuese el último de los charlatanes, el individuo Leo jamás renunciará a su aspecto imponente y majestuoso. Si fuese un delincuente, con muchísima probabilidad se convertiría en el jefe de una banda, aunque su acentuado individualismo lo lleve más a ser un criminal solitario y sin apoyo. Junto con el Escorpión es el signo que menos teme los males físicos. Las enfermedades que le afectan son sobre todo de corazón, ojos, espina dorsal, bazo y fiebres violentísimas, de las que sólo su indómita fuerza de voluntad lo cura. También el sistema circulatorio se encuentra muy afectado en este sujeto.

En el campo laboral, si el Leo tiene sólidas bases económicas, sabrá situarse, tanto financiera como humanísticamente. No obstante, es un sujeto muy sensible a las adulaciones y basta que un colaborador avispado sepa halagarlo para hacer de él lo que quiera. Por este motivo, muchas veces se rodea de personas falsas, por las que fácilmente será traicionado. A menudo maneja grandes cantidades de dinero, que gasta con excesiva prodigalidad. La necesidad de gastar constituye un vicio al que no sabe renunciar y que puede conducirlo a la ruina. Aunque en el trabajo obtiene gran éxito, se creará grandes enemigos que, lentamente, pero de forma segura, lo conducirán a la ruina. Alegre y despreocupado, sin artificio, su vivacidad es espontánea e innata. La simpatía y antipatía instintivas lo llevan a equivocarse en la elección de amigos, que a su generosidad y desinterés responden con el engaño. La excesiva seguridad de sus actitudes a veces lo conducen a la ruina.

Aunque sabe lo que quiere, a veces su orgullo arruina las buenas posibilidades que la vida le ofrece. Tiene vocación por la enseñanza y educación de los hijos y las personas queridas, aunque a menudo la megalomanía de sus enseñanzas lo hacen incomprensible y lo vuelve, a los ojos de los demás un tirano.

No tolera la traición de la persona amada, pero su reacción no es casi nunca violenta como en el Escorpión, sino que pasa por alto el daño sufrido y busca afecto y comprensión en el exterior cerca de quien pueda dárselo, sea una mujer o un amigo. Sexualmente es de una gran capacidad y sabe cómo conquistar a una mujer, aunque a la mínima contrariedad la abandone sin pararse en miras.

Si la vida afectiva no le da lo que pide y sigue, por otra parte, enamorado de la mujer amada, sublima su ardor en el campo laboral, el cual se convertirá en el leitmotiv de su existencia. Si no es el tipo superior de Leo, puede convertirse en un tirano en busca de víctimas. Ama todo lo bello y que incita a la admiración y la envidia. También artísticamente es un signo válido, como lo demuestran artistas como F. Petrarca, pintores como Rubens y músicos como Listz, nacidos bajo este signo; pero en el campo en que sobre todo destaca es en la política, la economía, las ciencias exactas y todos aquellos en el que el Leo pueda destacar superando a los demás.

La mujer Leo tiene una voluntad férrea y es capaz de dominar cualquier situación; sabe ser la compañera ideal de aquellos hombres que necesitan continuamente ser estimulados para llegar a conquistar la meta fijada. A menudo es una mujer arrivista, con un amor propio muy pronunciado, para la que no existen escrúpulos en la consecución de los objetivos.

Por el contrario, los impedimentos que la suerte le depara no significan para ella otra cosa que un aliciente más, y, aunque la mayoría de veces sea odiada, triunfa siempre en sus empeños.

Una mujer de este tipo difícilmente se liga a un hombre, ya que su independencia, como su sed de dominio, se encuentran muy pronunciados.

Es la mujer más sádica y exigente de todo el zodíaco, tanto en el aspecto erótico como en el afectivo. Su marido deberá tener una posición y si no la tiene ella será quien haga de él una personalidad.

Aries, Libra y Géminis son los únicos signos que pueden encontrarse con una mujer así. Aunque altiva y orgu- llosa, es una mujer fácilmente conquistable. Como ama la adulación y no distingue lo falso de lo verdadero, si el hombre que la quiere tiene paciencia y carácter, puede obtener primero su confianza y luego su amor. Debe, bien entendido, ser también un amante apasionado y ardiente para satisfacer sus exigencias y hacerla definitivamente suya.

Hay que darle siempre la impresión de ser ella la única y poderla cubrir desde el principio de joyas y pieles, aunque todo esto no tiene valor si el hombre no es capaz también de respetarla intelectualmente y, sobre todo, si no le hace comprender que tiene en ella la máxima confianza y la considera superior a las demás mujeres.

Si el hombre es duro se enfrentará siempre a la mujer. Leo por su capacidad y resistencia a la lucha someterá y hará sufrir continuamente a su marido si éste es sensible. El orgullo es el arma que el Leo utiliza más a menudo. Por lo que si se hiere su amor propio, este tipo tan egocéntrico y aparentemente invulnerable, se encontrará completamente indefenso. El orgullo, que camina al paso de la inteligencia realizadora y superior de este signo, le lleva a cometer errores irreparables, sobre todo en las cuestiones sentimentales. Aunque enamorado, no se deja dominar por el sentimiento, sino que el orgullo le domina, haciéndole perder ocasiones favorables. Una mujer puede ser quizás maravillosa, rica y enamorada, pero deberá dar siempre ella el primer paso hacia la reconciliación con un hombre Leo. Sólo en el tipo más evolucionado espiritualmente encontramos un cierto autocontrol del orgullo, pero es más fácil que esta disposición se incline hacia la destrucción de una relación sentimental o hacia el completo desastre económico. Si una determinada ofensa hiere al Leo, éste no se revuelve inmediatamente, sino que espera a cumplir su venganza, que casi siempre realiza, incluso a costa de destruirse a sí mismo, y en esto se parece mucho al tipo Escorpión. Lucía Alberti en su

Astro- logia e vita quotidiana nos ofrece una estadística preocupante en la voz «Delincuencia». Precisamente dice: «Muchas historias pasionales y delitos de honor tienen como protagonistas a los Leo y Escorpión.»

Basta para comprobarlo con averiguar el signo de muchos protagonistas de las crónicas de sucesos.

Es el signo que menos se deja influenciar y que, por el contrario, sabe magnetizar y fanatizar a los demás, dirigiéndolos por el camino que él quiere.

VIRGO

Es un signo muy calculador, por lo que es difícil que dé un paso si antes no se encuentra muy seguro de lo que hace. Signo de tierra, móvil y femenino en el que tiene su domicilio Mercurio.

Su representación gráfica es simbolizada por una muchacha que lleva una espiga en la mano derecha. Es un signo concreto que va a lo sustancial, con grandes dotes de meticulosidad y escrupulosidad.

La inteligencia y la sensibilidad van en este signo parejas. Escéptico y a veces sarcástico, puede con facilidad tomar el camino del mal, dada la extrema inquietud que le es intrínseca. Intelectualmente se inclina por la investigación y especialización en un campo bien determinado. Incluso una tontería adquiere para este signo supersensi- ble y superemotivo una enorme importancia.

Si Marte predomina en este signo, será tan rebelde y vengativo como el Escorpión. No obstante, la mayoría de veces es un pensador racional que busca conocerse a sí mismo y a los demás por el puro gusto hacia el análisis, como lo demuestran escritores y filósofos como Tolstoi, Descartes, y tiranos violentos y filósofos como César Borgia. Antes de dar un paso, el tipo Virgo pondera bien sus consecuencias, por lo que muchas veces se le confunde con el tipo Tauro menos evolucionado, que antes de actuar se lo piensa mucho. Se encuentra muy apegado a la familia y tiene necesidad de tener junto a sí a una mujer que sepa estimularlo en el momento preciso.

Con la mujer Aries no puede en absoluto entenderse por su poca feminidad y demasiada agresividad que inhiben al Virgo. Con la mujer Tauro, al ser dos caracteres parecidos, puede darse una unión serena y armónica ya que en este caso los celos de la mujer Tauro benefician al Virgo, el cual prefiere, más que amar, ser amado. Es absolutamente negativa en el plano afectivo la unión con la mujer Géminis, mientras que es indicada para un intercambio intelectual, en el que los dos signos sabrán complementarse amigablemente. Con la mujer Cáncer, al amar ambos la familia, más que pasión encontraremos una unión basada en el afecto y respeto mutuos. Con la Leo la relación a la larga destrozaría los nervios del sensible Virgo. Con la de su mismo signo la unión es desaconsejable por las inevitables discusiones que surgirían entre ambos a la más pequeña cosa. La unión con la mujer Libra se desarrollará en la mediocridad y el egoísmo. Si nos encontramos frente a un Virgo erótico y pasional, la unión con la mujer Escorpión estará llena de vida y escaramuzas amorosas, aunque será efímera. Caracteres tan distintos como la mujer Sagitario inclinada al exhibicionismo y el Virgo introvertido y solitario hacen desaconsejable la unión entre ambos. Con la Capricornio, aunque existirá carencia afectiva y pasional, podrá formar una pareja formal y materialmente perfecta respecto a las exigencias de la vida cotidiana. Aunque la mujer Acuario sea un estimulante para el Virgo, la unión no podrá durar mucho. La unión con la mujer Piscis es desaconsejable por los malos tratos que una mujer de este tipo sufriría.

El mundo del trabajo a menudo representa todo para el Virgo y, al no faltarle inteligencia y poseer un espíritu crítico y organizativo, es fácil que se convierta en una persona sobresaliente. Trabaja, como el Tauro, para ganar dinero, representando este último lo que la vida sentimental no le ofrece a su sensibilidad. Antes de empezar un trabajo reflexiona mucho, pero cuando lo emprende es capaz de abatir cualquier obstáculo para llevarlo a cabo. Su excesiva minuciosidad, casi de relojero, le lleva hacia trabajos fríos pero que le dan la oportunidad de mostrar lo que vale. No ama la aventura y es sedentario. Los nacidos bajo el signo de Virgo son a menudo bellos pero inexpresivos. Las enfermedades que les afectan son sobre todo del tubo digestivo y trastornos neurovegetati- vos desde su más temprana edad. Bajo este signo encontramos una gran mayoría de inhibidos sexuales, homosexuales y, al final, pervertidos. El Virgo se encuentra más inclinado a la amistad con la mujer que al amor violento y sensual. Tiene un miedo excesivo a las enfermedades y ante el peligro reacciona medrosamente. Difícilmente pierde la cabeza por una mujer, dado su miedo a ligarse sentimentalmente. A veces rechaza dogmática e irracional- mente su instinto sexual y de ello pueden nacer gravísimas perturbaciones psíquicas. Todo lo que verdaderamente le gusta lo rechaza por un instintivo miedo a convertirse en esclavo de ello. En resumen, no quiere perder su tranquilidad, que inevitablemente se vería amenazada tanto por factores sensoriales como materiales.

La mujer Virgo, como el hombre, tiene miedo del amor y aunque no pierda la cabeza, normalmente se entrega al primero que llega pues lo considera como una autodefensa. El razonamiento típico de esta mujer es: «si me entrego, no me enamoro». Por ello es una mujer incomprensible, pues, para conquistarla, un hombre debe poseer una paciencia infinita. Aunque físicamente atrayente, en el amor es fría y toca a su compañero darle vida. Es una mujer a la que le gusta experimentar, por lo que es fácil que pase de un hombre a otro con excesiva desenvoltura. Siempre indecisa, no es raro que cambie de idea en el último momento. Sus celos constituyen un arma con la que hay que contar, pues tal mujer no tolera ninguna rival y está siempre alerta respecto a la vida extrafamiliar de su cónyuge. El que sea tan hábil como para darle celos o simplemente hacerle creer que ha perdido el interés suscitado, obtendrá la victoria.

Quizás es la mejor ama de casa de todas las mujeres del zodíaco y la que selecciona más las amistades, permaneciendo fiel a ellas durante toda su vida. Es ahorradora y óptima administradora del dinero y del marido. Administrar el dinero constituye una manía en ella, por su temor al mañana. Se encuentra inclinada al drama que, junto con su romanticismo, explota sólo junto a la persona amada. Adora sufrir, pero sin exceso. En las estadísticas zodiacales la mujer Virgo es la que más fácilmente se queda soltera o virgen.

LIBRA

Libra es el signo que más respeta la forma, preocupándole poco el fondo, hasta tal punto se encuentran enraizados en él el amor y el gusto por lo bello. Es un signo de aire, cardinal, femenino, en el que tiene su domicilio Venus, la diosa del amor. Por lo que podemos comprender su inclinación a asumir el papel de amante refinado y experto. Es un signo que ama y, sobre todo, que sabe amar con su cuerpo y con su alma. Gráficamente el signo viene simbolizado por una balanza con dos platos, por tanto, sentido de la justicia muy desarrollado.

Bajo este signo encontramos individuos muy bellos, con rostro de óvalo perfecto, ojos expresivos y de mirada dulce y sensual. El amor por las cosas bellas lleva al Libra a ser un buscador constante, y, a veces, ansioso de la belleza. Crítico exigente pero sincero, al que se puede dar fe por su objetividad. Es un diplomático nato, capaz de calmar cualquier controversia y hacerse amar y respetar por este motivo. Optimista y buen compañero, no tiene que recurrir a la vulgaridad expresiva para hacer reír a sus oyentes. Por su dignidad y señorío en las actitudes se parece mucho al tipo Leo, aunque su refinamiento sea, ante todo, intelectual y necesitado de un público dotado de humor para comprender la finura de sus expresiones. El símbolo de la Libra representa las tendencias contradictorias de este signo; en el tipo evolucionado espiritualmente la espontaneidad se contrapone a la reflexión y encuentra su justo equilibrio, lo que hace de este signo un juez culto sobre las acciones de los demás y un apasionado investigador que tiende a perfeccionar todo lo perfeccionare.

En el aspecto afectivo, tiene una necesidad absoluta de amar, tanto psíquica como físicamente. Cuando ama, es un seductor fascinante que no intenta anular la personalidad de la mujer que está junto a él, sino que quiere hacer resaltar su carácter y adora instruirla y perfeccionarla. Si más tarde la abandona, lo hará con extremo tacto y galantería, sabiendo conservar su estima y amistad.

Con la mujer Aries, se establecerá al principio una relación afectiva y erótica suficientemente buena, aunque con el tiempo la suceptibilidad del Libra podrá recibir duros golpes de la fogosidad de esta mujer. Con la Tauro, la unión será feliz por la reciprocidad de gustos y amor a lo bello. Con la Géminis subsistirá una intensa relación intelectual y, en el caso de que se llegue al matrimonio, la pasión será sacrificada en aras a la comprensión intelectual. Con la mujer Cáncer habrá incomprensión y tristeza, por lo que la unión es desaconsejable. Aunque encontrándose a la perfección con la mujer Leo en el plano erótico e intelectual, la megalomanía de ella y su desinterés respecto al factor económico, llevarán el matrimonio a la bancarrota. La mujer Virgo, a la que le falta afectividad pero sabe ser una óptima ama de casa, permitirá al Libra constituir siempre el epicentro de las reuniones mundanas, cosa que este signo ama tanto. Con la de su mismo signo, aunque existiendo comprensión y afecto, el matrimonio se verá desprovisto de fuerza, pues ambos se inclinan a proyectar su propia personalidad en el cónyuge, por lo que también éste es un matrimonio desaconsejable, sobre todo respecto a la educación de los hijos.

Con la mujer Escorpión será una unión feliz por los celos y sed de dominio de esta mujer en las cuestiones afectivas. Con la Sagitario será más que nada un *flirt*, tanta es la superficialidad de ambos signos respecto a la vida afectiva. La mujer Caprocornio es fría, pero, como la Virgo, sabrá organizar reuniones mundanas y entablar relaciones importantes para su marido. Con la Acuario, si se liega al matrimonio, será una unión perfecta, un pequeño cosmos en el que los demás no eran más que tolerados. El hombre Libra detesta el papel de protector, por lo que, ciertamente, no puede encontrarse ni a nivel intelectual ni sentimental con la mujer Piscis, que mitifica a su pareja y lo querría perfecto como su padre.

Libra, como Leo, es un signo que cree fácilmente en las adulaciones y cede si es alabado por sus dotes. Desde niño, revela su amor por las cosas bellas y en especial por la naturaleza. Es sensible a la música, que tiene sobre él un efecto benéfico. En el campo laboral elegirá casi siempre una profesión que no implique fatiga física, por su incapacidad a soportar pesos materiales. Puede triunfar como abogado, juez, y, artísticamente, sobre todo como músico. No osa tomar la iniciativa y difícilmente se lanza a ojos cerrados en un trabajo, sino que pondera bien su capacidad. En este caso su narcisismo es benéfico porque le permite llevar a término, con la máxima perfección posible, el trabajo que haya emprendido. El tipo más evolucionado espiritualmente sabrá siempre hacerse apreciar como dirigente serio y organizado, además de respetar el lado humano de sus colegas y subalternos. Es un artista nato, por lo que podrá desarrollar también un trabajo comercial en este campo, como anticuario o crítico. Es tan intuitivo que sabe comprender una cosa antes de que se la digan, por lo que la gente se le abre confidencialmente, y, también, porque cuando se le confía un secreto es capaz de llevárselo hasta la tumba, siempre que no se le obligue a revelarlo por medio de a violencia, pues ante el peligro reacciona huyendo. En el amor como en el trabajo es tolerante. Por tener a Venus como planeta, el hombre Libra sabrá instintivamente las cosas y palabras que gustan a una mujer, sin ser por ello un vanidoso fanfarrón, revelando, por el contrario, lo mejor de sí mismo junto a ésta. Lo que le conduce al matrimonio.

La mujer Libra, como el hombre, ama las cosas bellas y en el amor su sentido estético se encuentra muy desarrollado. Le horroriza la vulgaridad y siempre tiene necesidad de encontrarse rodeada de ternura y elegancia. Como el hombre, la mujer Libra tiene vocación especial para el matrimonio. Será una mujer modelo, bonita y atrayente, y, si se ve rodeada de ternura, será fiel tanto en las situaciones buenas como en las malas. La voz de esta mujer es persuasiva y cálida, con un tono que difícilmente se altera, a menos que no se halle exasperada. Es soñadora al punto de ser llamada romántica, sin por ello perder de vista la realidad de las cosas. El amor constituye el epicentro alrededor del cual se mueve, siendo este amor perfecto e incluso utópico, hasta tal punto o idealiza.

Es una mujer que a primera vista enamora y asombra siempre lo fácil que es salir con ella sin sobrepasar ciertos límites, ya que es un tipo de mujer a la que le gusta verse siempre cortejada y rodeada de admiradores, porque tiene un miedo horrible a quedarse sola. Le gusta la compañía, aunque ésta generalmente permanece en una fase amistosa. Controla muy fácilmente su instinto y si se le pide algo más que una simple amistad, sabe rechazarla con tanto garbo que difícilmente se le guarda rencor. Es una mujer que, al haber idealizado el amor desde muy joven, da poca importancia al lado erótico, resaltando más que nada su lado sentimental. A veces puede parecer empalagosa, pero es la única mujer con la que se pueden apreciar las cosas bellas en su justo valor, y con la que la vida transcurre serenamente, sin complicaciones excesivas que inevitablemente trastornarían el sistema emotivo de este tipo tan femenino.

Los trastornos que más frecuentemente afectan tanto al hombre como a la mujer Libra son de carácter neurove- getativo o renal. La mujer Libra, para verse complementada, tiene necesidad de un hombre que sepa respetar su sensibilidad y valorizarla en lo que vale. Nada de hombres duros y violentos, sino fuertes y sensibles, como los Leo, Sagitario y Géminis. Con reservas, el Acuario.

ESCORPIÓN

He aquí un signo animal cuya picadura ha sido comparada al beso de Judas. Obstinación, orgullo, pasionalidad, erotismo, violencia, agresividad y lucha son sus características. Si no es educado para hacer algo positivo, se enfrentará al mundo entero para afirmar su individualismo, máxima prerrogativa suya. No tiene miedo a nada ni a nadie. El físico es sólido y los ojos penetrantes e irónicos. Es el signo que más atrae a las mujeres, quizás por su gran masculinidad y por ese aire de experto en el juego sexual. Se encuentra siempre dispuesto a arrojarse en cualquier empresa que requiera valor físico y está estadísticamente comprobado que bajo este signo nacen la mayor parte de delincuentes.

Pero así como se encuentra dispuesto al mal, lo está también para combatirlo. Las estadísticas zodiacales demuestran, por ej., cómo bajo este signo existen numerosos policías. Su instinto lo guía siempre y es a través de éste como logra llevar a cabo arduas empresas, utilizando cualquier medio que le parezca idóneo para triunfar sobre las dificultades que encuentra en su camino.

Es un signo fijo, de agua y femenino, cuyos planetas son Marte, dios de la guerra, y Plutón, dios de la muerte. Efectivamente, este signo siente mucho la combinación amormuerte y posee el porcentaje más alto de todo el zodíaco de individuos sado-masoquistas. Es un signo de agua, pero el agua que lo compone es un torrente impetuoso, agua hirviente y arrolladora, agua que abate los diques e inunda países enteros.

Es un signo muy complejo, que ama vivir de noche, encerrado en sí mismo, sin más recurso que los que obtiene de su interior. Posee una inteligencia prodigiosa con una memoria rápida y coordinada. Al Escorpión le gusta conocer a todo y a todos, no por el gusto de conocer, sino por el deseo de dominar. Es uno de los signos más misteriosos que existen, lo que infunde temor en los que le rodean. Por lo demás, prefiere ser temido que amado. Odia todo empalago, pero tras esta coraza de dureza bajo la que se esconde para defender una sensibilidad que él toma como debilidad, existe una pasión y un romanticismo que sólo su formidable autocontrol logra dominar. También en la vida sentimental conserva este misterio, lo que constituye una de sus armas en la conquista de las mujeres, que junto a un hombre así no conocen el aburrimiento. Con la mujer Aries, la unión y sobre todo el matrimonio son desaconsejables, dejando aparte su relación sexual, en la que ambos signos, dominados por una sensualidad desenfrenada, constituyen dos verdaderos maestros.

Pero la mujer Aries tiende demasiado a dominar como para plegarse frente al dominio tiránico y sádico de este hombre celoso y posesivo. Con la mujer Tauro la unión no irá muy lejos, pues será ella quien quiera conquistarlo sintiéndose atraída instintivamente hacia este tipo tan distinto de los demás, pero él pronto la dejará, con cinismo, sin volverse ni siquiera a observar sus lágrimas. Con la Géminis, la relación será apasionada al principio, pero no podrá ser duradera por la incomprensión de ella y los celos de él. Con la Cáncer, el tipo Escorpión puede hacer de protector como es de su índole y ella lo corresponderá con el amor y fidelidad que el Escorpión pretende absolutamente, como condición sin la cual es imposible vivir junto a él. La pasionalidad y el juego erótico serán fundamentales para el perfecto éxito de un matrimonio entre la mujer Leo y el Escorpión, que vivirán en un continuo drama al que masoquísticamente se ven indiñados. Con la Virgo, será un matrimonio puramente de conveniencia, pero éste es el tipo de matrimonio preferido por el Escorpión; pasionalmente, sin embargo, este tipo buscará fuera de casa el afecto sin el cual no puede vivir. Es absolutamente contraindicada la unión entre la mujer Libra y el hombre Escorpión, tan coqueta ella, tan celoso él. Con una mujer perteneciente a su mismo signo ni siquiera puede existir una relación de amistad. Escorpión y Sagitario forman una de las parejas más bonitas del zodíaco amándose y detestándose alternativamente; ya que la Sagitario es una mujer que apenas satisface los apetitos sexuales de su pareja pero lo sabe complementar espiritualmente, respetando su personalidad. Con la mujer Capricornio, la unión es positiva como lazo entre la soledad de aquél y el mundo externo de ésta, pero catastrófica en el plano sentimental y pasional. El deseo de posesión del Escorpión arruina su unión con la mujer Acuario que no está para vivir en eterna adoración suya, como el Escorpión pretende. A nivel de la más abyecta sexualidad, el sadismo del Escorpión encuentra en la Piscis la mujer ideal. Sádico él, masoquista ella, la unión será duradera, aunque con litigios que minarán el sistema nervioso de una mujer tan sensible.

En el aspecto laboral, el Escorpión se entrega a ojos cerrados y casi siempre triunfa. Cuando se trata de escoger una profesión, elegirá ciertamente la que ponga en peligro continuamente su vida, pues sin peligro la vida y el trabajo para él no tienen significado, por ello el porcentaje más alto de muertes violentas pertenece a este signo. Es el signo del mal y del bien, polos extremos de la existencia, el hombre Escorpión tanto puede convertirse en un cirujano-misionero, pues el dinero para él no tiene en absoluto importancia y trabaja por el mero amor al trabajo, como también puede arrojarse a la mala vida. El amor y la violencia hasta sus últimas consecuencias son las prerrogativas, positivas y negativas, de este signo. Da lo mejor que posee a sus amigos, por los que arriesgaría su vida, y es un perseguidor fanático de sus enemigos. Si dependiera de este signo, el mundo se dividiría en dos: en una parte él y los pocos que ama, y en la otra los enemigos contra los que desfogar su odio. Es generoso, pero si ve que se abusa de su generosidad, se vuelve cruel. Éste es el signo de más magnetismo personal. Como enemigo, puede ser odiado pero respetado, teniendo coraje en abundancia, y, si pertenece al tipo evolucionado espiritualmente, no tolera utilizar medios incorrectos para triunfar. Su verdadero problema es el amor, con el que se obceca y al que quiere conseguir por la fuerza. Dispuesto a todo para conseguir a la persona amada, sólo la muerte puede detenerlo. Marte en Escorpión es un Marte mil veces más agresivo que el Marte de Aries, pues este último tiene una cualidad de la que el primero carece: la paciencia. El Escorpión, si quiere obtener algo o simplemente desea vengarse de una ofensa sufrida, sabe esperar y no se olvida nunca. Su instinto le dice que más pronto o más tarde obtendrá lo que desea. No perdona las ofensas, ni las directas ni las indirectas. También en el campo artístico destaca, como lo demuestran escritores atormentados como

Dostoievski, Camus y Henry Miller, pintores como Picasso y músicos famosos y tenebrosos como Paganini. En el deporte es violento y destaca sobre todo en el boxeo y la lucha. Por ejemplo, en el fútbol lo encontraremos entre los primeros. También es un gran actor dramático, Alain Deion, por ejemplo, ha nacido bajo este signo.

La mujer Escorpión es la «vamp» por excelencia, la devoradora de hombres, la más difícilmente conquistable, y si alguno se arriesga a la empresa, debe ser un hombre cien por cien, rico y poderoso. Es una dilapiladora de patrimonios y quiere a su pareja enteramente suya, a veces, para anularlo sexual y moralmente. Como el hombre de este signo, es una aventurera para la que los obstáculos son necesarios en la vida. Es intrigante y si quiere a un hombre, lo toma sin demasiadas historias para a continuación abandonarlo a la primera dificultad surgida, después de haberse vengado oportunamente. Su erotismo y audacia en las decisiones la convierten en una mujer fatal y decididamente anticonvencional. La vida junto a ella es un vaivén de altos y bajos, pero en la intimidad sabe ser una amante apasionada y experta. Su instinto le sugiere la forma de gustar al hombre tanto en el aspecto erótico como en el sentimental. Con ella no sirven las palabras dulces y las frases bien hechas. Son necesarios hechos, y para los faroleros pedantes y vanidosos es inútil intentar la conquista de una mujer así, pues con el tiempo se verían reducidos a perritos falderos y completamente despersonalizados. Incluso perteneciendo a la categoría de los seductores natos, de aquellos que con las mujeres juegan fácilmente, con la mujer Escorpión ocupará siempre un lugar secundario. No obstante, cuando se enamora, ama sin términos medios, y si se sabe comprenderla, se descubrirá que incluso ella se ve sujeta a cambios de humor que la angustian; en este caso, hay que darle toda la comprensión y confianza para que se recupere. Entonces se entregará por completo, con tal ardor y pasión, que verdaderamente su pareja se sentirá el rey de los hombres; una mujer de este tipo puede encontrar a su compañero ideal entre los Cáncer y los Capricornio.

Los trastornos que más sufren los Escorpión son del aparato genital: abuso de la energía sexual, enfermedades venéreas. También se ven sujetos a trastornos psíquicos.

Gráficamente se representa generalmente al signo por medio de un escorpión que moviéndose en zig-zag huye de la luz del día y por su veneno representa la lucha y la muerte. Pero así como es portador de muerte, también es generador de vida; y por este motivo, en el oscuro medioevo se le representaba como un águila en el momento de levantar el vuelo. Dominado por una inagotable pasión, este individuo valiente y dispuesto a todo, no tiene miedo a morir y lo que quiere es vivir intensamente cada segundo de su vida, no preocupándose del mañana. Es un gran dirigente y las estadísticas zodiacales muestran una gran cantidad de generales de este signo, siendo el general De Gaulle el más célebre.

SAGITARIO

Es el signo más optimista de todo el zodíaco y dentro de él se opone a Géminis. Gráficamente es representado como un centauro en el acto de arrollar una flecha hacia el cielo. Es un signo de fuego, móvil y masculino, cuyo planeta es Júpiter. Cree ciegamente en lo que hace y le gusta viajar. Ama gastar el dinero con gran munificiencia, pareciéndose en esto al Leo, mientras que respecto al trabajo es bastante parecido al Escorpión que ama el trabajo por el trabajo y no por el provecho lucrativo que obtenga. Lleno de alegría de vivir, ama la compañía, aunque también es capaz de estar aislado y meditar. O sea, que no es como el tipo Libra, que tiene un miedo cerval a estar solo.

El Sagitario sabe tomar las cosas como vienen, pero no por ello es un fatalista. Sabe perder y es el primero en reconocer sus errores. Tan desarrollado tiene su sentido autocrítico. Ama la crítica y la polémica sólo si son constructivas, por lo demás, niega cualquier forma de violencia tanto física como moral, aunque ante el peligro sabe permanecer frío e inmutable. No es como el Escorpión, que se defiende atacando con violencia personas y cosas, sino que pondera antes de actuar. Cuando se mete en algo es obstinado y hace valer su razón, casi siempre sincera. No conoce la malicia y a menudo su sed de justicia queda decepcionada ante la maldad y mala fe de la gente. Es intrínsecamente joven e incluso en edad tardía su físico y moral permanecen llenos de fuerza y vigor. Independiente e individualista, no obstante vive y sabe comportarse con los demás con desenvoltura, suscitando simpatía y afecto. La ingenuidad, característica de los signos de fuego, muchas veces lo induce a una elección errónea de sus amigos, pero aunque desilusionado y traicionado, su optimismo y fe en los demás permanecen intactos. Es un signo siempre dispuesto a partir para conocer nuevos países y personas. Su movilidad no le permite estarse con las manos cruzadas y siente siempre la necesidad imperiosa de hacer cualquier cosa sobre todo en favor de los demás, siendo muy altruista y dotado de espíritu humanitario. En el aspecto sentimental sabe ser un simpático canalla, capaz de seducir y coleccionar muchas mujeres. Con la mujer Aries, es aconsejable el matrimonio a la condición de que ella renuncie a la sed de dominio que le hace perder tan buenas ocasiones a nivel afectivo; por lo demás, todo irá perfectamente, al no inclinarse la mujer Aries por esas ramplonerías que fastidian al Sagitario. Con la Tauro, la relación es instintiva y feliz en los primeros tiempos; no obstante, con el paso de los años ella lo cansa con sus celos y mina la base de una relación que habría podido ser sólida. Con la Gémi- nis, más que de una relación erótico-sentimental se puede hablar de un *flirt* de carácter intelectual; el matrimonio resultará sereno pero frío en el aspecto pasional. Ella le será fiel, pero continuamente le recordará el sacrificio que hace por él; él, por el contrario, no quiere oír hablar de sacrificios y renuncias y mucho menos si son realizadas en su favor. Los dos signos de fuego Sagitario y Leo pueden entablar una relación que, si desemboca en matrimonio, tiene grandes posibilidades de ser duradera; ambos mantienen intacta su personalidad, que acrecientan y enriquecen el uno con la otra y, si surgen dificultades, serán de carácter exclusivamente erótico. Con el tipo Virgo la unión es contraindicada por la total disparidad de caracteres y gustos; fuego él y hielo ella, aunque bella, no sabrá satisfacer la sed de amor de la que se encuentra embebido el Sagitario; además, él detesta fundamentalmente todo lo que es demasiado serio, mientras que, para ella la seriedad y formalidad lo son todo. Con la Libra, dado el extremo narcisismo de ambos signos, la unión y el matrimonio pueden durar mucho, ya que en la base de su amor existe una amigable estima. Con la mujer Escorpión, el Sagitario podrá demostrar su valer como hombre y la unión, aunque no duradera, alcanzará el máximo clímax desde el punto de vista pasional. Generalmente con la mujer de su propio signo el Sagitario logra la máxima perfección y equilibrio, complementándose con ella tanto material como espiritualmente.

Con la Capricornio la unión puede muy bien basarse en una afectuosa amistad que si desemboca en matrimonio, formarán una pareja muy solicitada socialmente, por la distinción con que la mujer Capricornio sabe hacer de ama de casa y la alegre simpatía de él que le creará continuamente nuevos amigos. En el aspecto intelectual y espiritual, el Sagitario y la mujer Acuario se relacionan a la perfección, mientras que a nivel económico el matrimonio será catastrófico. La unión con la mujer Piscis puede ser feliz y duradera, si ella es capaz de abandonar el papel de soñadora romántica que tanto le gusta y es por él tan detestado.

No obstante, si la vida sentimental no logra satisfacerlo, el Sagitario, como el Escorpión y el Leo, sublima en el trabajo su agresividad, dispuesto a cualquier tipo de labor que le permita conocer gente nueva y viajar. En su juventud puede ser un vagabundo, para más tarde retirarse del mundo y meditar sobre lo vivido. Ama todo lo que signifique aventura e implique un cierto riesgo; así, el primer piloto transoceánico, Lindbergh, ha nacido bajo este signo.

Es un signo que, sin ser extremista, si una cosa es bella la ve espléndida y si es mala, horrenda. Únicamente su necesidad de engrandecerlo todo le lleva a estos juicios. No es un megalómano como el Leo, aunque su optimismo y confianza pueden llevarle a gastar todo el dinero que gana e incluso el que no gana. Piensa siempre que el mañana será mejor que el presente y le aportará una buena ocasión para pagar las deudas del ayer. Se enfrenta a la vida con tal entusiasmo que a menudo se le considera un inconsciente, pero es sólo confianza en sus propias fuerzas. Ama la vida y todo lo que de bueno y luminoso ésta le puede aportar. Si algo es malo, él con su innato optimismo intenta inmediatamente ver el lado positivo, lográndolo casi siempre. Si alguien se encuentra deprimido, el Sagitario siempre tendrá una palabra amable que lo aleje de sus malos pensamientos y le haga recobrar el gusto por la vida. Pero ¡cuidado! caso que necesitéis consejo en un asunto de extrema delicadeza, es justamente el menos indicado, ya que para él no existen dificultades ni obstáculos y la vida jamás es fea, sino lleno de perfumados jardines y mujeres enamoradas. Para el tipo Sagitario basta con extender la mano y la cosa deseada estará allí, sobre su palma. Y no hay desilusión que destruya su buen humor; rápidamente ve el lado cómico de la situación y es el primero en reír.

La mujer Sagitario siempre se encuentra, como el hombre por lo demás, descontenta de lo que hace. Vivir con ella es realmente una hazaña si no se tienen los nervios de hierro, por la inestabilidad de su carácter: alegre y divertida por una salida vuestra, cinco minutos después es capaz de hacer un drama porque una tacita de café se le ha caído encima. No tolera los celos de su pareja y para mantener intacta su personalidad es capaz de plantarla, aunque esté enamorada. Es una mujer que cultiva sus amistades y sabe ser fiel, aunque le gusta mucho conocer gente nueva y odia cordial aunque superficialmente, todo lo convencional y dentro de los esquemas de una vida burguesa. No tiene miedo de expresarse y lo hace abiertamente a la cara, y si con ello a menudo provoca las ganas de propinarle una bofetada, por otra parte, no se puede más que respetar su seguridad, desenvoltura y sinceridad. Quiere y sabe permanecer joven hasta los ochenta años y su marido tiene que saberla divertir incluso después de años de matrimonio. Es algo pilla y no demasiado fiel, por un amor a los descubrimientos, pero, si primero se conquista su espíritu y después su cuerpo, se entregará definitivamente a su compañero. Puede encontrar su pareja ideal entre los Leo, Acuario y Aries, que sabrán mejor que los demás comprenderla y complementarla. Los trastornos que más sufren los nacidos bajo este signo afectan al hígado y al sistema circulatorio en general. Los Sagitarios deben hacer mucho deporte, ya que tienden fácilmente a la obesidad y, por tanto, tienen una absoluta necesidad de moverse.

CAPRICORNIO

Todo el optimismo del Sagitario se convierte en pesimismo en Capricornio, pesimismo que se alimenta de su introversión y de su miedo a afrontar una situación o persona nueva. Es un signo de tierra, cardinal y femenino, cuyo planeta es Saturno. Frialdad, melancolía, tristeza, pesimismo, dureza y cerrazón son las características de este signo. Signo capaz de renunciar con gran desenvoltura a las alegrías y placeres de la vida si esta renuncia le permite alcanzar las altas y ambiciosas metas que se ha propuesto. Es tan orgulloso como frío, tan ambicioso como distanciado, y a veces conviven en él las características opuestas. Bajo Capricornio han nacido dos grandes personalidades «coetáneas»: Jesucristo y César Augusto. Si encontramos fanáticos en Capricornio, su fanatismo es muy distinto al del Escorpión; el del Capricornio es un fanatismo frío, lógico y lúcido, a menudo dirigido a fanatizar a los demás. Bajo este signo han nacido dos grandes estadistas, Stalin y Mao Tse-Tung. Si bien es verdad que al tipo Capricornio le falta calor humano y comunicabilidad, por otra parte, su inteligencia se encuentra siempre presente en forma de racionalización. Es la inteligencia de grandes matemáticos y físicos como Newton y Kepler, o de grandes filósofos positivistas como Comte y Montes- quieu. La inteligencia del Capricornio es tan fría, que causa temor a quien le rodea, y si el Capricornio se da cuenta que le teméis, lo aprovechará para teneros a su merced. Es casi siempre la eminencia gris del poder político, que de hecho manda más que el presidente o el monarca en funciones, como fue Mazarino en la Francia del XVII. Sabe permanecer apartado, pero cuando sale a la luz, comprende su poder por el terror dibujado en la cara de la gente. Pero, si infunde terror, es también capaz de suscitar admiración por la capacidad y frialdad con la que puede dominar las situaciones, las cuales no se le escapan jamás de las manos. Es tan realista que, si una prueba no lo convence definitivamente, la encuentra infundada.

Naturalmente, el aspecto sentimental se resiente negati- vamente de la frialdad de este tipo que tiene un miedo innato a todo lo que representa amor o simplemente sexo. Tiene necesidad de una mujer que le libere de todas sus fobias y que le dé la fuerza necesaria para salir de sí mismo y revelarse a su verdadera luz.

Con la mujer Aries, la unión, y en consecuencia el matrimonio, son aconsejables únicamente en el aspecto práctico y de las relaciones mundanas, mientras que serían catastróficos sentimentalmente: ella que ataca y él que se defiende por miedo antinatural a perder su dignidad. La mujer Tauro es la que más estimula al Capricornio afectivamente y le ofrece la tranquilidad y certidumbre de no representar algo nuevo; con esta mujer el matrimonio puede ofrecerle al Capricornio seguridad, la cual desea ante todo. Con la

Géminis, es desancosejable la unión por la superficialidad con la que esta mujer afronta las situaciones graves y las menos graves, mientras que para él todo es importante y digno de respeto. Con la Cáncer, físicamente la relación irá bien, pero intelectualmente el Capricornio no podrá recibir de su mujer ningún apoyo, separándoles un abismo. Con la Leo, la relación y el matrimonio se basarán en la mala fe y el arrivismo; zodiacalmente es extraordinariamente raro una unión de este tipo. La unión por excelencia es indudablemente con la Virgo, por la introversión de ambos caracteres y la poca exigencia que los dos tienen en el aspecto sexual; por lo demás, la mujer Virgo sabría organizar bien la vida del Capricornio, creándole en su entorno un ambiente contemplativo y sereno que harán funcionar la unión también en el aspecto práctico. Con la Libra la unión y el matrimonio triunfarán en los primeros tiempos, pero casi siempre esta mujer abandona a un marido que no sabe darle lo que quiere y que, por el contrario, la agobia con sus continuos misterios y prolongados silencios. También es estadísticamente rara la unión entre el frío Capricornio y la sensual y exigente mujer Escorpión, y si se realiza, podrá terminar de forma catastrófica. La vivacidad de la mujer Sagitario fascina inmediatamente al Capricornio que, sin embargo, no logrará obtener de esta mujer la fidelidad y tranquilidad a las que aspira; por tanto, aunque exista amor, se desaconseja el matrimonio. La unión del Capricornio con la mujer de su mismo signo puede tener éxito únicamente en el plano material y práctico, mientras que sería decepcionante en el aspecto afectivo, ya que ninguno de los dos da un paso por el otro para liberarlo de sus fobias. Con la mujer Acuario la unión puede establecerse sobre una base de afectuosa amistad, pero la aridez de él frena toda expansión erótica y sentimental de una mujer tan dispuesta a idealizar y soñar. La unión con la mujer Piscis puede ser también duradera, pero se basará siempre en la hipocresía y la desconfianza. En el mundo laboral, la inteligencia del Capricornio habla por él, y se inclina profesionalmente a las ciencias exactas; es decir, que puede ser tanto un buen ingeniero como un excelente médico. Sabiendo que es un signo que soporta con extrema facilidad la fatiga tanto intelectual como física, el trabajo significará una sublimación, ofreciendo lo mejor de sí mismo. Es muy organizador, por lo que, si empieza a trabajar como botones, no es raro que al cabo de unos años de lucha tenaz nos lo encontremos como director de banca.

Lo cual no quita que pueda tener un distanciamiento tanto hacia el trabajo como hacia la mujer que tiene a su lado. No obstante, es un signo capaz de aceptar la monotonía tanto en el trabajo como en el aspecto afectivo y, si pertenece al tipo evolucionado espiritualmente, sabe transformarla en algo constructivo. Todo lo que le falta de espontaneidad e intuición lo compensa con el razonamiento y la ponderación en su acción. Físicamente es seco y a sus ojos, siempre grandes, les falta expresión, pero tras ellos se esconde una personalidad compleja.

La mujer Capricornio, al igual que el hombre, ama la perfección y no es el tipo de mujer que pierde el tiempo en charlatanerías inútiles y que malgasta el dinero. Es una mujer de séntido común, que antes de escoger a su compañero sopesa sus cualidades y defectos. A menudo, esta elección de compañero es una fuente de angustia para ella; pero puede encontrar su hombre entre los Escorpión, Virgo y Tauro que son los que mejor sabrán comprenderla y complementarla.

Cuando ama no logra tampoco liberarse de sus complejos y fobias, y sólo la paciencia del hombre que esté junto a ella le evitará convertirse en una neurótica. Esta mujer coge al vuelo una situación, pero antes de verla en su aspecto real, tiende a analizarla minuciosamente. Para conquistar una mujer así, realista y fría, se necesita paciencia y obstinación; de hecho, aunque sienta algo más que una simple simpatía es muy capaz de negarse por miedo a comprometer su dignidad de mujer. Realmente, es el signo más complicado de todo el zodíaco, pero hay que comprender que se encuentra dominado por el severo y difícil Saturno.

Los trastornos más usuales entre los nacidos bajo este signo son los que afectan a la menstruación y a las hormonas en general; las enfermedades más frecuentes son la artrosis y los reumatismos.

ACUARIO

Este signo, penúltimo del zodíaco, tiene como elemento el aire y es el más actual e independiente de los distintos signos de la rueda zodiacal. Es el signo de los anticonvencionales, de los rebeldes, de los innovadores y los libres de prejuicios. Signo de aire, fijo y masculino, cuyos planetas son Saturno y Urano. Pero el Saturno del Acuario es menos frío que el domiciliado en Capricornio; hasta tal punto esto es cierto, que el signo de Acuario simboliza la liberación de los esquemas convencionales. Gráficamente, el Acuario es representado por un viejo que sostiene en sus brazos una vasija inclinada, de la que vierte agua. En su aspecto negativo, el signo de Acuario representa la soberbia y el orgullo. Es un signo independiente, que ama la libertad por encima de todo. No tolera ser sometido ni dominado, sin por ello inclinarse a la rebelión y oposición, sino por el contrario conservando intactas las cualidades de bondad, desinterés, altruismo y honestidad que son sus principales características. Su idealismo se encuentra tan radicado que incluso las pasiones más fuertes, como el amor mezclado al odio o el sadomasoquis-mo sexual le son extraños. Proyecta fuera de sí sus sentimientos, criticándolos y juzgándolos, completamente extraño a todo subjetivismo. No posee en absoluto sentido práctico, absorbido como está en los problemas ideales, o existenciales. A veces su espíritu de contradicción se encuentra tan vivo en él que se acerca mucho al tipo Escorpión, el cual ama la polémica por ella misma. Es el signo menos afortunado en las cuestiones sentimentales, so-bre todo por el excesivo instinto con el que escoge a su pareja.

Bajo este signo encontramos artistas y filósofos que han revolucionado su época, como el padre del Iluminismo, Voltaire.

Existen también muchísimos músicos nacido bajo este signo: Schubert, Chopin, Mozart y políticos innovadores y demócratas como Abraham Lincoln y Federico el Grande.

Aunque atractivo para las mujeres, el idealismo de Acuario le hace perder buenas ocasiones a nivel concreto.

Con la mujer Aries la unión tendrá como siempre, un principio romántico y feliz, pero su duración será efímera, ya que él no descubre nunca sus propios secretos y ella está celosa de los misterios de este hombre que la atrae y que no logra dominar. El Acuario no puede en absoluto encontrarse con la mujer Tauro, por su inclinación a amar y seguir todo lo caprichoso y original, mientras que ella quiere siempre estabilizar y concretar al máximo su relación. El Acuario no puede encontrar la mujer ideal más que en la Géminis, con la que establecerá una relación intelectual y afectiva muy sólida, aunque el matrimonio sea un continuo altibajo. Con la Cáncer, a lo más, puede existir una relación basada en la amistad y la comprensión intelectual. Por el contrario, la relación entre el Acuario y la mujer Leo es estadísticamente rara en el zodíaco, por la poca pasión erótica de él y las excesivas pretensiones económicas y sentimentales de ella. Con la mujer Virgo puede existir una unión tranquila y serena, pues ella sabe organizar bastante bien la caótica vida de él: La unión por excelencia es la de Acuario y Libra, con la que un hombre así se complementa tanto física como intelectualmente. Por el contrario, existe relación amor- odio entre el Acuario y la mujer Escorpión, ya que ésta, como la Aries, tiende a querer dominar un hombre que rechaza toda sujeción. También con la Sagitario es una unión perfecta, siempre que tengan posibilidades económicas, ya que ambos signos tiende a idealizar su relación. Completamente desaconsejable es la unión con la mujer Capricornio por la capacidad de posesión de este signo y, sobre todo, por su seriedad, que no permite que el Acuario se evada, como le es característico, del ambiente familiar. También es desaconsejable la unión con la mujer de su mismo signo, por las excesivas pretensiones sentimentales y afectivas de esta mujer. La cortesía y el «savoir faire» del hombre Acuario atraen inmediatamente a la mujer Piscis que, idealista y romántica, aprecia inmediatamente la gentileza con la que la rodea el hombre Acuario; no obstante, la unión es desaconsejable por la infidelidad del Acuario que minaría la sensibilidad de la Piscis. El trabajo es para el nacido en este signo una actividad emprendida como «hobby» más que como verdadero y propio trabajo. Su trabajo debe ser emprendedor y, si tiene que trabajar dentro de una organización, su preparación y agudo sentido crítico, le llevarán a ser el jefe o al menos un dirigente. De cualquier forma, este trabajo debe ser creativo y muy cercano al campo del arte, al que se ve instintivamente inclinado. A lo largo de su vida cambia fácilmente de oficio, justamente por el amor e interés que lo inducen a probar todo.

Las soluciones radicales que toma y la rapidez con la que cambia de humor, aunque lo llevan a ser el centro de interés, a veces lo hacen antipático, pero es una antipatía que pasa pronto, por la capacidad de este signo a hacerse inmediatamente después simpático y por su autocrítica feroz. Haga lo que haga, es incomparable la maestría con la que lo realiza. Su peligro mayor es la testarudez, y no existen fracaso ni decepciones que le hagan cambiar de idea.

La mujer Acuario está dotada de una personalidad muy fuerte y hay que irle detrás con gran paciencia antes de obtener el amor que todo hombre desea. Es muy femenina y de una originalidad que atrae inmediatamente a quien se encuentre cerca, pero, aunque enamora a primera vista, no es capaz de conservar el amor durante mucho tiempo por su distracción y continuo divagar intelectual que la vuelven decididamente insoportable. Para conquistarla, se necesita un hombre seguro de sí mismo y sin miedo a exagerar en la exhibición de sus propias cualidades e incluso en inventar algo grande, ya que una mujer así cree en todo y se enamora de los hombres inteligentes más que de los guapos y ricos. Es una mujer completa con la que se puede hablar abiertamente sobre cualquier problema y que no se escandaliza de nada. Distinta a la mujer Aries, a menudo anticonvencional sólo porque está de moda, la mujer Acuario lo es instintivamente y hasta un punto que a veces aburre.

Los trastornos que más sufren los nacidos bajo este signo son los del sistema circulatorio y tobillos, sujetos a torce-duras y fracturas.

PISCIS

Éste es el último signo de la rueda del zodíaco, signo que ama y sigue todo lo elevado, aunque en el fondo permanece un conformista que difícilmente se dará de puños contra todo el mundo.

Es un signo de agua, femenino y móvil, cuyos planetas son Júpiter y Neptuno. Se comprende, por tanto, que las características de este signo sean la participación en la vida común, la emotividad, sensibilidad y versatilidad. Al igual que el Acuario, no sabe lo que significan odio y venganza, lo que en un primer momento le hace ser tomado por un sujeto pasivo, pero en realidad tiene infinidad de recursos a utilizar en una situación dada para demostrar su valía. Su paciencia y timidez lo llevan, a veces, a frenar su apasionado deseo de colaborar con los demás en la construcción de un mundo mejor. Venus se encuentra en exaltatación en este signo, pero es una Venus que si no es dominada y guiada por la razón, conduce fácilmente al libertinaje y a la confusión sentimental y sexual. La receptividad de este signo le permite detectar la mentira antes de que sea pronunciada, pero en vez de permanecer desconfiado y asombrado por las mentiras, intentará convencer de que la verdad es el mejor camino a seguir. Esta conducta lo distingue netamente del otro signo de agua, el Escorpión, que reacciona con violencia y crueldad contra todo lo que es falso.

Bajo este signo han nacido grandes artistas, como Gabriel D'Annunzio, el filósofo Benedetto Croce y el poeta Umberto Saba. También es el signo de santos como San Francisco de Asís y de muchos Papas, como Clemente VIII y Pío XII. En el aspecto sentimental, la vida afectiva de este signo es complicada y a veces triste, por la excesiva emotividad y sensibilidad con la que afronta el amor. Con la mujer Aries la relación se basará en la incomprensión por la mucha sensibilidad de él y el deseo de dominar que es característico de la personalidad de ella. Con la Tauro, la relación puede ser duradera por la capacidad de ella en darle una estabilidad afectiva y un equilibrio económico de los que carece este signo. Con la mujer Géminis, la desigualdad intelectual y la diferencia con la que afrontan cuestiones sentimentales crearán un abismo insondable entre ambos; de hecho, el Piscis quiere siempre investigar hasta el fondo las situaciones, mientras que la mujer Géminis las afronta con gran superficialidad. Platónica y sólo en parte erótica será la relación con la mujer Cáncer; la unión de ambos funcionará en el plano económico. Como a la mujer, a la Leo le gusta dominar y ser siempre el centro de la atención, por lo que la unión con el hombre Piscis será desastrosa tanto en el aspecto sentimental, por la brutalidad de ella, como en el económico por su necesidad de gastar dinero. Con la mujer Virgo la unión será excelente a nivel económico, pero no en el afectivo, por la frialdad y distanciamiento con que ésta afronta las cuestiones sen-timentales. Demasiado frívola y ligera es la mujer Libra para el hombre Piscis, tan sensible y profundo; unión, por tanto, decididamente desaconsejable.

La mujer Escorpión, femenina y sensual, sabrá colmar el vacío erótico y sentimental del Piscis; la unión es aconsejable, pero ella deberá dar siempre el primer paso. Absolutamente desaconsejable es la unión con la mujer Sagitario, también en este caso porque ella ama todo lo que es superficial y exterior, mientras que él se encuentra anclado a la profundidad de las cosas, investigándolas e intentando comprenderlas. La avidez y al mismo tiempo frialdad de la mujer Capricornio, hacen desaconsejable la relación y absolutamente contraindicado el matrimonio. La mujer Acuario, al estimularlo continuamente, es la compañera ideal, capaz de poner en práctica y concretar la sensibilidad del Piscis, tanto en el aspecto material como en el afectivo.

El Piscis con la mujer de su mismo signo no puede estar en absoluto de acuerdo, y, aunque al principio no lo parezca, con el tiempo se darán cuenta de que no están hechos el uno para el otro, dado que la relación será siempre de incomprensión y velada tristeza.

Gráficamente, el signo de Piscis se representa por dos peces en dirección opuesta unidos por un hilo muy sutil que representa tanto el pasado como el porvenir. De hecho, desde niño el Piscis es imprescindible y también el más tierno de sus coetáneos. Es un signo con el que se necesita mucha paciencia, no tanto para ponerse de acuerdo con todos, como para intentar comprender su carácter y poner al descubierto su personalidad esquiva y secreta. Intelectualmente aprende todo, tanto las cosas que ve como las que oye se le quedan muy impresas en la mente. Por este motivo, si su sensibilidad no es educada oportunamente y dirigida a un fin positivo, reniega fácilmente de ella, cediendo a sus instintos primitivos, que lo desintegrarán primero moralmente y después materialmente. Pero es más fácil encontrar un Piscis positivo que uno negativo, y si se reprimen sus sentimientos tenderá más a la destrucción propia que a la de las personas y cosas que lo rodean.

En la elección de oficio es el signo que más se deja influenciar por los consejos de los demás, sobre todo de los padres; y al no saber imponer su voluntad, escoge generalmente una profesión que no le gusta.

De carácter poético, es difícil que se dedique a las ciencias exactas. Puede encontrar una óptima sistematización en el campo artístico, como pintor, poeta o músico, al estar muy influenciado por Venus. Por ser muy altruista y no saber negarse a nadie siente una fuerte inclinación hacia todas aquellas manifestaciones místicas y religiosas referentes a la salvaguardia de la paz, o, simplemente, se sublima a sí mismo en nombre de una idea.

La mujer Piscis es la más sensible y romántica de todo el zodíaco y considera a su pareja como el príncipe azul de los cuentos, rodeándolo de amor y ternura. La continua adoración que sufre el hombre que está junto a esta mujer puede a la larga cansarlo pero sin llegar al hastío, por la absoluta sinceridad con la que esta mujer se manifiesta en sus palabras y hechos. Sexualmente da crédito a las alabanzas, por lo que es fácilmente conquistable.

Es una mujer inclinada al masoquismo y si su pareja es violenta, este vicio puede convertirse en un defecto gravísimo, capaz de turbar y comprometer todo el estado emotivo de la sensible mujer Piscis.

ꟾIGVRVRE · DE · LA · PRATICQVE

De la sphere par laquelle l'on cognoistra en tous endroitz combien chacun
cercle est esleué sur l'horison. En prenant la hault la seule Sélé, l'eslevation polaire
ou de l'equinoctial de chacun endroit. ET si ce faisant l'on aura ainsi demonstrance en quelque
lieu ou soit que la personne soit que toussours la moitie du Ciel en mesme sphere luy apperer.
ET haultant que la personne se depart de l'equinoctial allant vers le septentrion ou vers le midi dautant se mouluoi
d'esloignz son horison d'une part vers l'un des poles et l'aultre part se esleue dautant vers l'aultre pole a l'oposite.

ᴇNSVICT · LOPOSITION · DES · NOMPS

Proprez de ladicte sphere ci dessus ET premierement
— De la haulteur —

Haulteur sont les degrez dont le Sélé le pole ou l'equinoctial sont esleuez sur l'horison ou les degrez dont quelque
chose sont esleuez en sole est loing de l'equinoctial.

Du degré —

Degré est une partie de 300 parties auquel tout cercle est rompu en luy le monde lequel roge contient 300 joy
en chacun des l'ensieurs sont degré de haulteur ET aussy degré de longitude tant sur le cercle de l'equinoctial que dessus
le cercle meridional.

Los planetas en cada signo

La personalidad de un individuo no se define por el signo al que pertenece, sino por la relación existente entre el signo, el campo, el planeta en un determinado campo, las influencias y las coordenadas astrales, el Descendiente, el Ascendiente, el Imum Coeli, y el Medium Coeli, y por cómo se encuentra situado cada planeta en el preciso momento que precede al nacimiento de un signo. Por este motivo, a veces creemos que pertenecemos al signo Escorpión, sólo porque hemos nacido el 23 de octubre, y en realidad no nos encontramos identificados con ninguna de las características de dicho signo; probablemente lo que sucede es que en el momento exacto de nuestro nacimiento no se ha producido el paso en el zodíaco de los diez astros que caracterizan al signo. También puede ser que nuestro signo se encuentra más cercano al precedente, en este caso Libra, y es por tanto a ella a la que pertenecen dichas peculiaridades. En la siguiente exposición sobre la situación de los planetas en un determinado signo, hemos tenido cuidado de no examinar la posición de dos planetas, Neptuno y Plutón, ya que éstos influencian más el comportamiento de la gente en general que el del individuo en sí mismo. En un horóscopo individual podemos referirnos a la influencia del Sol y de los siete primeros planetas del Zodíaco: el Sol, que influencia y distingue la personalidad del sujeto; la Luna, que incluye en la vida imaginativa e íntima del individuo; Mercurio, que determina la intuición y la inteligencia; Venus, que nos ofrece el cuadro preciso de cómo el sujeto afronta las cuestiones sentimentales; Marte, que indica el modo cómo el individuo se enfrenta a las situaciones teniendo como únicas armas su fuerza de ánimo y la voluntad en la persecución de un fin; Júpiter, que nos muestra al individuo en el contexto de la vida social y su modo particular de afrontar el mundo exterior, en el que intenta destacar por la fuerza de su carácter; Saturno, que representa al individuo en continuo contacto consigo mismo y con los problemas que comporta el diálogo interno; Urano, que sensibiliza al individuo.

Los planetas en Aries

El Sol en Aries representa la vitalidad, el deseo de afirmación, la valentía para afrontar las situaciones más precarias, al instinto en los sentimientos y acciones, el calor humano, el amor por la lucha y la conquista.

La Luna en Aries, impetuosidad de carácter, inestabilidad en las relaciones humanas y afectivas, robustez física, y fantasía, sintiéndose el sujeto extraño a la vida práctica y viviendo en un mundo de fábula.

Mercurio en Aries representa una inteligencia parcial en sentido negativo, y en sentido positivo, una inteligencia que

responde pronta y fiel a las órdenes del cerebro, más intuitiva que reflexiva, pero rápida y coordenada en el aprendizaje.

Venus en Aries representa los juegos eróticos, la infidelidad, la busca de pasión que complemente la personalidad erótica y de placer en las batallas amorosas. La infidelidad no es jamás maliciosa, sino que se realiza espontáneamente, por amor a la novedad. Es una infidelidad tanto de fondo erótico como sentimental, pero, en general, el sujeto vuelve a la persona amada.

Marte en Aries representa la rebelión violenta frente a las instituciones y convenciones de la vida normal. Además, representa cólera, irritación, y, a menudo, violencia bruta como, por el contrario, puede indicar agresividad dirigida hacia un fin benéfico y constructivo. Es el instituto dominando a la razón.

Júpiter en Aries representa el calor humano y la justicia considerada como algo superior; simboliza el autocontrol y la autocrítica.

En sentido negativo es, por el contrario, la incomprensión e incapacidad de realizarse en la vida práctica, laboral e intelectual. Muchos artistas descontentos de sus obras tienen a Júpiter en este signo.

Saturno en Aries representa la búsqueda del propio yo, a menudo dramática, por las dificultades que eí sujeto encuentra bajo la influencia de un planeta tan introvertido en descubrir cómo es realmente. No obstante, existe también un aspecto positivo de Saturno que capacita al sujeto para intuir la verdadera esencia de las relaciones existentes entre él y los demás.

Urano en Aries representa el anticonformismo en su estado puro, como desafío sincero y desapasionado frente a la injusticia y disparidades político-económicas que gobiernan el mundo; simboliza el coraje para rebelarse contra todo lo que es convencional y conservador.

Los planetas en Tauro

El Sol en Tauro representa la paciencia, a veces tan excesiva que parece plena, o peor, testarudez, dada la extrema racionalización que el Sol da a este signo ya de por sí bastante reflexivo y perseverante. En sentido negativo, puede simbolizar una venganza bien maquinada y que antes de expresarse tiene necesidad de haber llegado a su punto justo de maduración. Indica también la productividad en el campo laboral y la proliferación en el sentimental.

La Luna en Tauro representa el amor por la familia y la tranquilidad que sólo pueden aportar los muros domésticos; simboliza la buena armonía que reina entre los familiares y el calor necesario para vivir en paz y sin preocupaciones de orden moral y material. En sentido negativo, muestra un odio irracional hacia la propia familia o hacia la que el sujeto se ha formado, sea por disgustos de orden moral procedentes del cónyuge o de los hijos, sea por un matrimonio de emergencia no querido por el sujeto.

Mercurio en Tauro representa un tipo de inteligencia dirigida a una finalidad concreta, racional y también, a veces, fría, capaz de pasar de la teoría a la práctica sin titubeos. Al ser una inteligencia racional, difícilmente intuye al vuelo lo que se le propone, sino que lo medita pacientemente y lo encasilla en el cerebro, sin olvidarlo jamás.

Venus en Tauro representa un tipo de amor lúcido y que sabe valorar tanto las cualidades como los defectos. Difícilmente el sujeto que sufre la influencia de Venus en su signo pierde la cabeza sentimental o sexualmente, sino que sentimiento y sexo caminan cogidos de la mano, manteniéndose al sujeto siempre frío y distanciado al principio de la relación. Solamente con el tiempo, el sentimiento encuentra sólida base y, entonces, se desencadena la pasión, en la que la sensualidad y el erotismo se manifiestan claramente, en su verdadera luz, con sus secuelas, de celos morbosos y sed de dominio sobre la persona amada.

Marte en Tauro representa la voluntad combativa que el sujeto elabora lentamente antes de poner en práctica. Los instintos dominan sobre la razón, haciendo explotar al sujeto en ciegos ataques de ira encaminados a destruir la persona o cosas contra las que dirige su fuerza bruta. Es la lucha a muerte, la búsqueda de la victoria implacable sobre el adversario, ya por deporte o sólo por el gusto de destruir las personas y cosas de su entorno. Finalmente, simboliza la tenacidad con la que el sujeto se arroja de cuerpo entero en el trabajo o misión emprendida.

Júpiter en Tauro representa la afirmación del sujeto en el campo social. Aumenta la sensibilidad de espíritu y el gusto por la vida entendida como sexo y sentimiento, el amor por la naturaleza, sus frutos y flores y el deseo de construir algo positivo para sí y para los demás. Simboliza una sensualidad fuerte, que, bien dosificada, no se excederá jamás, sino que se apresará dentro de los límites del buen gusto y la delicadeza. La testarudez del signo bajo, este planeta se hace constructiva y más que de manía hay que hablar de perseverancia.

Saturno en Tauro simboliza el aspecto negativo del signo, por la lentitud extrema oon la que la inteligencia asimila las nociones y enseñanzas que le son impartidas. Representa un óptimo trabajo manual, al que el sujeto se aplicará con energía y en el que alcanzará la perfección, pero quien tenga la intención de desarrollar una profesión cerebral es mejor que desista de ello. El individuo con Saturno en Tauro será pasivo y no se rebelará jamás, ni siquiera ante evidentes injusticias perpetradas a los suyos u otras ofensas.

Urano en Tauro representa la voluntad dirigida a la construcción de algo positivo. La voluntad y la fuerza de carácter dominan siempre a los instintos, dándole al signo una combatividad racional y lúcida que le permite llevar a término la idea madurada en su cerebro.

Los planetas en Géminis

El Sol en Géminis representa extravagancia y originalidad en la expresión creativa. La personalidad se ve fuertemente inclinada a crear continuamente y olvida el trabajo hecho ayer para embeberse por entero en el presente y abandonarlo mañana nuevamente. Causa en los artistas insatisfacción respecto a su obra y una búsqueda obsesiva de la perfección que a veces nace y se manifiesta originalmente, otras de manera excéntrica y otras finalmente se sale de la normalidad para afirmarse como obra única e inimitable. La Luna en Géminis representa la hipersensibilidad y la receptividad inmediata del sujeto respecto a los acontecimientos exteriores y su asimilación, lo que presta a este signo desde la infancia la capacidad de conocer a los demás a partir de las propias sensaciones. No representa una vida íntima en común, basada en fundamentos sólidos, como sucede con la Luna en Tauro, sino una vida dedicada a la investigación de algo que nunca se hallará, del amor filtrado por la imaginación y que jamás se encuentra en la realidad. Demasiado ideal el príncipe azul o, si se trata de una mujer, el hada buena de los cuentos infantiles, para que pueda contentarse con vivir una vida normal junto a una mujer o un hombre que su imaginación no había previsto como realmente es.

Mercurio en Géminis representa la versatilidad de la inteligencia, pronta a recoger los estímulos exteriores y a ela- borarios instintivamente, colocándolos en su justo lugar. Es la inteligencia intuitiva que cree en lo que siente y que sigue el impulso del momento, rechazando la racionalización del problema y afrontándolo con flexibilidad, y según el caso, plasmándolo a capricho propio. Significa tanto la inteligencia irónica del desilusionado, como la inteligencia caótica de quien aprende y asimila sin, no obstante, saberse expresar.

Venus en Géminis representa el máximo refinamiento al que puede llegar la relación amorosa, con todos los matices sentimentales y eróticos que la hacen plena y, en lo posible, perfecta. Los instintos son aquí positivos, dirigidos a la búsqueda de un placer material inseparable del espiritual. El amor casi no madurará, pero significará un buen recuerdo para quien haya tenido la fortuna de encontrar un Géminis con Venus en su signo, dadas la dulzura y delicadeza de su relación amorosa.

Marte en Géminis representa el sarcasmo y el cinismo con las que este signo afronta las situaciones materiales y prácticas. Estadísticamente es raro encontrar a Marte en este signo, por la antítesis que se crea entre la disposición natural de este signo a la dulzura y la belleza, y la agresividad de Marte.

Júpiter en Géminis representa el «savoir faire» en las relaciones del sujeto con la comunidad. Diplomacia en las decisiones y ambigüedad en la manifestación de sus verdaderas ideas; es decir, hipocresía, pero hipocresía de la que nacen a veces grandes cosas y ambiciosos proyectos, sólidamente confirmados en la vida práctica. No existe situación complicada de la que este signo no sepa salirse con habilidad, aunque sea delatando a los demás para salvar su vida o reputación, pero logrando, ya por medios legítimos o sucios, salir a flote.

Saturno en Géminis agudiza la inclinación del signo a la reflexión, permitiéndole una laboriosa y paciente elaboración de su capacidad creativa, instintiva en él, pero que sólo con el razonamiento y la perseverancia podrá salir a su verdadera luz. También representa la mediocridad intelectual con la que los grandes problemas de la vida son analizados y resueltos. Esta inteligencia abstracta se con-cretiza a través de la solución práctica de ideas elaboradas con antelación.

Urano en Géminis simboliza el aumento de la inteligencia, siempre dispuesta a nuevos descubrimientos y nunca saciada con lo aprendido. La sed de conocimiento total se encuentra en la base del carácter de este signo bajo la soberanía de Urano; conocimiento jamás convencional sino rebelde e impetuoso, cuyo último fin es la búsqueda absoluta y utópica de la verdad.

Los planetas en Cáncer

El Sol en Cáncer representa la sensibilidad artística del individuo. También significa capacidad organizativa para afrontar problemas, que se resuelven racionalmente por instinto. En sentido negativo significa un desarrollo lento de la personalidad, que puede ser tanto testaruda como llena de rabia, dando al signo una combatividad artificial y casi nunca dirigida a un fin positivo. También representa la desconfianza y la mezquindad con la que intenta construirse una coraza defensiva frente al mundo exterior.

La Luna en Cáncer denota sentido de la hospitalidad y apego a los recuerdos de infancia, que para el sujeto representa mucho más que el presente, por lo que nos encontraremos con un individuo emotivamente inestable, siempre dispuesto a encontrar en las cosas que le rodean un lazo con el pasado. Representa la excesiva sensibilidad con la que el individuo participa en el dolor y la alegría de sus allegados. En sentido negativo, el sujeto se desliga de los lazos afectivos para llevar una vida errante, en contraste con su verdadera personalidad.

Mercurio en Cáncer representa una inteligencia fantasiosa, dirigida más a seguir sueños y quimeras que a construir concretamente el futuro del individuo. Representa una inteligencia de tipo emotivo y por tanto fácilmente influencia- ble por las decisiones y directivas impartidas sobre el sujeto por los demás. Es una inteligencia memorística que aprende y olvida las enseñanzas que le son impartidas con a misma facilidad. En sentido negativo simboliza una inteligencia dirigida morbosamente una finalidad única. La mayoría de veces es una mescolanza de influencias positivas y negativas.

Venus en Cáncer representa un romanticismo llevado al exceso y una morbosidad sexual que la mayoría de veces conduce al sujeto a perturbaciones de tipo psíquico. Representa tanto el flechazo como la antipatía inmediata. En el aspecto afectivo y en el erótico el sujeto abusa de su propia capacidad. En sentido negativo, la sensibilidad del signo, al recibir duros golpes del mundo exterior, se dirige hacia la obscenidad y maldad sexual, convirtiéndose, a menudo, en un signo masoquista.

Marte en Cáncer representa la agresividad, a menudo interpretada como fuerza interior; simboliza la perseverancia en una idea, que después de haber sido elaborada y programa mentalmente, se convierte en un punto fijo. Pueden existir influencias positivas y negativas del ambiente sobre el individuo. La agresividad realiza una dura batalla en el interior de la psique, conduciendo lenta aunque inexorablemente al individuo a la destrucción. El sujeto con Marte en Cáncer se encuentra a menudo en abierto conflicto con su familia.

Júpiter en Cáncer representa la capacidad del sujeto para crearse alrededor un ambiente familiar distendido y tranquilo, apto para el equilibrio del estado emotivo del signo. La familia representa todo y el sujeto vierte en ella su laboriosa y fecunda actividad. Simboliza la serenidad con la que el sujeto desarrolla su personalidad al contacto con el mundo exterior.

La organización y eficiencia se encuentra en la base de la conducta del individuo; naturalmente, estas cualidades pueden volverse negativas si el signo es hipersen- sible.

Saturno en Cáncer representa la antítesis entre la extroversión del signo y la introversión que representa el planeta. El individuo será inseguro y poco apto para enfrentarse a la realidad, retrocediendo a la mínima dificultad. El rechazo a la lucha representa al mismo tiempo la causa y el efecto de las neurosis que asaltan a los que sufren la influencia de Saturno en Cáncer. El retorno a la infancia y la inmadurez afectiva del sujeto le impiden buscar una solución a los problemas inherentes a su personalidad.

Urano en Cáncer representa, negativamente, la ya aguda hipersensibilidad y emotividad del signo. Es raro que Urano en Cáncer influencie benéficamente al individuo, pero cuando esto sucede, el sujeto se encuentra en primera fila por su combatividad y valentía, aunando en sí las características positivas del Leo y el Escorpión. Entonces el individuo no conoce el miedo ni las inhibiciones, sino que se manifiesta con una gran luminosidad de carácter, capaz de franquear cualquier barrera u obstáculo.

Esta condición, no obstante, se presenta raramente.

Los planetas en Leo

El Sol en Leo representa el orgullo, dirigido casi siempre hacia una finalidad programada y constructiva. Simboliza la valentía razonada, la capacidad de afrontar cualquier situción y dominarla por la fuerza individual y la autoridad. También representa un amor justo hacia la propia persona, sin por ello descuidar a los que se encuentran bajo su responsabilidad. Muchos directores de empresa, industriales y hombres de negocios tienen el Sol en Leo. En sentido negativo, la personalidad se expresa violentamente, pisoteando los derechos de los demás.

La Luna en Leo representa generosidad de espíritu y facilidad de expresión, tanto en el campo artístico como en el práctico. Simboliza la amplitud mental con la que el Leo acoge los nuevos descubrimientos y ama el progreso. En familia sabrá ser un óptimo marido y cabeza de familia, atlético, vigoroso y decidido; óptimo educador, sabrá dirigir a sus hijos a una profesión adecuada, solicitando su elección individual y respetando su voluntad. En sentido negativo, simboliza la megalomanía que se manifiesta a través de gastos locos.

Mercurio en Leo representa una inteligencia de amplias miras, dispuesta a disfrutar de las ocasiones favorables que se le presentan. Es un tipo de inteligencia práctica que, a través de la lógica racional, aprehende y asimila todo, desde los nuevos descubrimientos en el campo científico a la crítica lúcida y objetiva del último cuadro o libro puestos en circulación. En sentido negativo, es la inteligencia soberbia que cree saber todo: una inteligencia fría y encerrada en sí misma, dispuesta más a la destrucción que a la construcción.

Venus en Leo representa un modo de amar instintivo, que surge del alma como pasión impetuosa, y nada puede parar. Este amor por una cosa o por una persona, aunque a veces excesivo, es siempre sincero tanto en sus fuertes exigencias sexuales como en el sentimiento que el individuo logra expresar. Es el amor que no retrocede ante el rechazo, sino que se obstina en saber el porqué de éste intentando casi siempre abatir el obstáculo y alcanzando victorioso la meta.

Marte en Leo simboliza la agresividad dirigida a un fin determinado. Es la agresividad al servicio de la ambición, que avanza inexorablemente hacia la conquista de las propias aspiraciones, sin pararse en mientes. Es la valentía del individuo para asumir la propia responsabilidad; la búsqueda constante de lo grandioso y la afanosa y, a veces, fanática persecución de una empresa única y original que situará al sujeto entre las «personalidades» históricas. En sentido negativo, significa violencia y ambición brutal.

Júpiter en Leo representa la afirmación del sujeto en el mundo social, mediante esos grandes gestos que le son propios y atraen la atención de los demás. Representa la perseverancia con la que el sujeto intenta situarse en el «gran mundo», útil a sus propios fines. La exhibición de la propia riqueza o el encanto propio a través de manifestaciones meramente exteriores, le ganan al sujeto muchas antipatías, pero al mismo tiempo es envidiado y temido por los demás. En sentido negativo, significa un peligroso complejo de superioridad que inevitablemente conduce a la ruina material.

Saturno en Leo indica un sensible aumento del ya acentuado narcisismo espiritual y estético del signo. La ambición utiliza cualquier medio para lograr su fin. El deseo de conquistar el poder económico y político constituye la idea fija del sujeto. Aunque capacitado, el poder se le sube a la cabeza, acentuando su manía de grandeza y conduciéndolo, tras el éxito, al fracaso, a menudo dramático. Es curioso cómo Mussolini tenía en Leo un Saturno dominante.

Urano en Leo representa el deseo de alcanzar un fin, utilizando la propia capacidad intelectual y material. El individuo no conoce lo que es el miedo y tiene una paciencia proverbial que lo asemeja al Tauro y le permite alcanzar sus objetivos. La incógnita del futuro es minuciosamente estudiada por el individuo, por lo que se encuentra siempre preparado tanto para el éxito fulminante como para el desastre. En cualquier aspecto, la personalidad se encuentra siempre dirigida a un fin determinado. En sentido negativo, la manía de grandeza conduce al individuo, además de a la ruina en el aspecto económico, al desastre en el sentimental.

Los planetas en Virgo

El Sol en Virgo representa la frialdad con la que este signo expresa su personalidad. Indica una fuerte sucep-tibilidad a los cambios y un deseo instintivo de construirse un refugio íntimo, al que el mundo exterior no tenga acceso. Su concepto sobre los demás no es halagador por la causticidad y sutil ironía con la que el signo se manifiesta; como compensación, el individuo tampoco tiene una alta opinión ni siquiera de sí mismo, aunque su personalidad sea fuerte y difícilmente influenciable por las opiniones de los demás. Denota también timidez.

La Luna en Virgo representa las inhibiciones que bloquean al signo en sus manifestaciones afectivas y sentimentales. El miedo al sexo desequilibra al individuo, que se inclina a la vida solitaria, en la que la única familia que tiene importancia y suscita en él un cierto calor es la de origen.

La vida íntima se dirige, por tanto, más al recuerdo del pasado, cuando el sujeto dependía de sus padres, que a la persona amada. En sentido negativo, el amor es visto como un juego y la vida en común imposible de construir. Mercurio en Virgo representa un tipo de inteligencia extremadamente práctica, organizadora y calculadora, que se sitúa en el punto medio entre instinto y razón. Es la inteligencia que conoce y aprende con extraordinaria facilidad, dotada de una memoria de hierro; poco o nada cuentan los bluff contra una inteligencia de este tipo. Indagadora y profunda, descubre el engaño antes de que sea puesto en práctica. Introvertida, pero concreta, es capaz de expresar los conceptos con extraordinaria claridad, simplificando también las nociones más complicadas.

Venus en Virgo representa el amor no instintivo sino estudiado y analizado en sus aspectos positivos y negativos. El amor es visto como un problema que, antes de llegar a su solución, hay que estudiar bajo sus distintos aspectos, y racionalizar el propio sentimiento, dejando aparte el instinto, que según el sujeto puede inducir a equivocación. Si una persona le gusta al sujeto, inmediatamente éste se preocupa y crea graves complejos, buscando a menudo transformar el sentimiento en estima y el afecto en respeto.

Marte en Virgo representa la agresividad, a menudo dirigida a una finalidad autodestructiva. Esta agresividad, que no tiene nada que ver con la voluntad creativa, crea un estado de angustia que compromete gravemente el sistema psíquico del individuo. También simboliza la represión de los instintos, que si el sujeto siguiese le liberarían de los esquemas de vida burguesa y convencional en los que vegeta. Indica el miedo a la violencia física, y también una violencia dirigida fantásticamente hacia un fin irreal. Júpiter en Virgo indica un arraigado convencionalismo en la relación con los demás. Es un modo de integrarse idóneo a los individuos introvertidos, para realizarse a través de los demás. El programado cálculo del sujeto, que puede parecer como muerto, en realidad no procede más que de su excesiva timidez que distingue a este individuo. Incluso cuando responde a la sincitaciones del mundo exterior con un prolongado mutismo, ello no se debe más que a la timidez.

Saturno en Virgo indica necesidad constante de orden y limpieza. El sujeto no tolera el polvo o la suciedad y, aunque se trate de una excelente ama de casa o un perfecto y ordenado director de empresa, a la larga, esta meticulosidad puramente formal, que se fija en las pequeñas cosas olvidando las importantes, lo encierra y aisla de los demás. También indica tendencia a reprimir el instinto, dirigiendo la personalidad hacia una autocomplacencia masoquis- ta, en la que el narcisismo juega un papel principal.

Urano en Virgo representa la tendencia del sujeto a analizar su comportamiento exterior y la búsqueda del yo, entendida como relación-enfrentamiento entre el individuo y el mundo exterior. Inclinado a la crítica, en sentido positivo podrá ser un juez imparcial.

Los planetas en Libra

El Sol en Libra representa la perfección artística y la sensibilidad con la que el individuo afronta las situaciones, encasillándolas en su mente y preparándolas instintivamente de modo que se adecuen a su personalidad. Es más fácil, de hecho, que las personas y cosas que le rodean se adapten a su personalidad, que lo contrario. La plasticidad y maleabilidad del individuo no denotan debilidad de carácter, sino más bien diplomacia y «savoir faire» innatos en las relaciones del sujeto con la comunidad. En sentido negativo indica ambigüedad.

La Luna en Libra denota la capacidad crítica con la que el sujeto se afirma en su vida íntima y en la dirección de los hijos hacia una profesión que les vaya bien; aunque de forma distinta al Leo, trata de condicionar su voluntad. Representa el buen gusto y un gran amor por la naturaleza. El sujeto busca continuamente la tranquilidad, a la que aspira llegar a través de la familia que se ha formado. En sentido negativo, significa la represión de los instintos. Mercurio en Libra representa una inteligencia sensible a los cambios que suceden en el mundo. Indica amplitud mental y tolerancia respecto a las ideas de los demás. Sen sibilidad muy aguda, pero sin dejarse influir por las opiniones ajenas, hasta tal punto el sujeto es defensor de su libre arbitrio. Inteligencia plástica que asimila inmediatamente los conceptos y enseñanzas y antes de ponerlos en práctica los razona. Por lo que podemos hablar de una inteligencia basada en un instinto racional del sujeto. Venus en Libra indica vocación por el matrimonio y armonía en la relación amorosa. También el varón se encuentra dotado de una sensibilidad exquisitamente femenina que lo hace afable, cortés y social en sus relaciones con la persona amada; afabilidad que no le lleva a renunciar a su virilidad. El amor constituye un problema relativo para quien tiene a Venus en Libra, dado que es un seductor o seductora fascinante e instintivo, aunque a veces se vea acompañado de una especie de temor frente a la persona amada.

Marte en Libra indica la antítesis reinante entre dicho planeta y el signo, que causa profundas y muy graves perturbaciones psíquicas. ¿Cómo, efectivamente, puede ir de acuerdo el signo del amor y el planeta de la guerra? La respuesta, aún hoy, según muchos astrólogos, sigue siendo una incógnita sobre la que sólo pueden aventurarse hipótesis en un tema astrológico general más que particular. Lo que es seguro es que quien tenga a Marte en Libra busca siempre un punto de apoyo en los demás. Júpiter en Libra indica la serenidad con la que el signo se integra en el mundo material y la facilidad con la que logra entablar relaciones siempre nuevas, que, a veces, en un tema astrológico negativo, conducen al individuo a venderse al mejor postor, a traicionar la amistad y a dar coba al mundo entero con tal de situarse. Este individuo, amante de la vida, desconoce lo que significa valores morales y ostenta un gran altruismo aparente y una dialéctica facilona que un observador atento interpretará justamente como sentimientos falsos.

Saturno en Libra indica el distanciamiento con el que el signo se relaciona con el mundo. El espíritu se ve enriquecido por la reflexión interior y por largas y ponderadas meditaciones sobre la realidad y el propio yo. La búsqueda espiritual es aguda y la mayoría de veces representa la finalidad y meta principal fijadas por el individuo. En vez de con el mundo exterior el sujeto dialoga consigo mismo. Urano en Libra indica las tendencias del signo y el instinto para afrontar las situaciones. El sujeto a menudo es rebelde y no se somete a las reglas del juego, por lo que, si es derrotado, fácilmente se abandonará a un papel de víctima, creyéndose incomprendido; mientras que si es vencedor, no asumirá el triunfo como victoria deportiva sino como soberbia y aplastante victoria sobre el enemigo, hacia el que no sentirá piedad alguna.

Los planetas en Escorpión

El Sol en Escorpión indica lucha, amor por todo lo que representa erotismo y orgullo. Nos encontramos frente a un planeta luminoso que lucha en un signo tenebroso, que huye de la luz, amante del misterio y la soledad, pero más que encontrarse signo y planeta en antítesis se complementan en un todo armónico y orgánico. El Escorpión con el Sol como astro dominante, convertirá en positivas todas las características que lo distinguen; así, el amor por la lucha encontrará una vía de salida benéfica y constructiva e incluso el orgullo será positivo.

La Luna en Escorpión indica la pasión vivida con violencia erótica. La vida íntima se convierte a menudo en un problema insoluble por la tendencia del Escorpión a aislarse del mundo y construirse un microcosmos sólo a él accesible. Lo esquivo del sujeto puede ser sólo aparente y, si la mujer está enamorada, con paciencia logrará conquistar la fidelidad sexual y sentimental de su pareja. En el punto opuesto, la pasión puede ser sublimada y entonces nos encontraremos frente a un individuo emotivamente inmaduro, que evita afrontar las situaciones que se le presentan, no por miedo, sino más bien por neurosis. Mercurio en Escorpión representa una inteligencia superior, inclinada al enfrentamiento, a la lucha intelectual y a la dialéctica. Es una inteligencia cínica y cáustica, una inteligencia peligrosamente superior a la media que hiere y fascina a su interlocutor. La inteligencia junto con la memoria es capaz de acumular conocimientos voluminosos, no por deseo de conocer, sino por sed de dominio.

Venus en Escorpión indica una pasión erótica, una sensibilidad excesiva inclinada fácilmente al abuso. Es el amor violento, capaz de superar cualquier obstáculo, el torrente impetuoso, el fuego devorador que encuentra su desfogue en el sexo; el impulso es prepotente y no admite ni oposición ni réplica. En sentido negativo, el signo inclina al individuo a la homosexualidad, narcisismo, auto- erotismo, perversiones sexuales y sado-masoquismo. Marte en Escorpión indica la agresividad a menudo extrema, que no conoce impedimentos y que puede ser tanto constructiva como destructiva. El escorpión que tiene el constante deseo de picar, cuando muerde, mata tanto moral como físicamente. Teniendo una inteligencia prodigiosa y un atractivo únicos, puede construir su vida como mejor le parezca, y utilizar como armas su amarga ironía y su rara capacidad para hacer el mal. Instintivamente amoral, no se para en mientes con tal de alcanzar su objetivo, dotado como se encuentra de valentía. Júpiter en Escorpión indica un formidable magnetismo personal, un modo de imponerse en la vida brutal y violento, pero siempre franco y leal. La amistad tiene un valor fundamental en la existencia del individuo, que en aras de ella se encuentra dispuesto a los más grandes sacrificios. Fiel a los amigos hasta el altruismo, es despiadado y vengativo con los enemigos, para con los que ignora el significado de la palabra piedad. El instinto predomina sobre la razón, pero es un instinto de tipo cerebral y por tanto difícilmente negativo.

Saturno en Escorpión indica el sentido del equilibrio que falta al signo. Positivamente, indica orden y sobriedad, tanto en la vida afectiva, casi siempre volcánica y atormentada, como en la relación con los demás. Aunque nunca sin desaparecer del todo, disminuye sensiblemente el instinto extremista y fanático, dando de esta forma al individuo una cierta estabilidad emotiva, generalmente ausente en este signo. El aspecto negativo de Saturno en Escorpión se manifiesta por la completa introversión del sujeto, haciéndolo incapaz de comunicarse con los demás. Urano en Escorpión indica un aumento en las tendencias revolucionarias del signo que, si no son dominadas desde el principio, llevan fácilmente al individuo a seguir cualquier fe, ya sea justa o equivocada, por el único motivo de independizarse de las enseñanzas que le han sido impartidas por la familia y la sociedad. El individuo se acoraza en su personalidad, no tolerando interferencias de terceros en sus decisiones o acciones.

Los planetas en Sagitario

El Sol en Sagitario confiere al signo una generosidad que fácilmente se convierte en prodigalidad y optimismo comunicativo e instintivo. El individuo con el Sol en Sagitario emprenderá con entusiasmo cualquier empresa, llevándola a término con la misma pasión con que la inició. En el desarrollo de la personalidad no existen retrocesos, y ésta madura a la par que la inteligencia, que, si oportunamente es canalizada, le da una capacidad de trabajo increíble. Es diligente y genial. En sentido negativo, la apatía domina sobre la impulsividad.

La Luna en Sagitario aumenta la sociabilidad típica del signo, confiriéndole un continuo deseo de estrechar su relación con la persona amada. La vida íntima del sujeto se desarrolla a través de grandes viajes, que posiblemente le dan la impresión de vivir una romántica y feliz existencia. Simboliza el narcisismo del signo, que se manifiesta en todo momento, tanto en sus relaciones con los demás como en su diálogo interior; no obstante, es un narcisismo que no resta simpatía al sujeto.

Mercurio en Sagitario indica un tipo de inteligencia extrovertida y que sabe dónde quiere llegar. Sin renegar, muy por el contrario, del gusto por la palabra, es una inteligencia no verbal. El sujeto mira por encima de las cosas y, aunque sin perderlas jamás de vista, aferra lo que existe más allá de ellas. Es un tipo de inteligencia capaz de fundir la fantasía con la realidad, sabiendo, no obstante, escindir la una de la otra cuando la ocasión lo requiere.

Venus en Sagitario indica un modo de amar en el que la espontaneidad juega el papel dominante. La persona amada, primero queda fascinada por la simpatía de este exuberante individuo y, más tarde, definitivamente conquistada por su adorable modo de actuar. Indica el amor por sí mismo, el amor desprovisto de complicaciones y lágrimas; el amor alegre y que sabe ser sensual en su justa medida. Es un amor picante y dulce y, en algunos casos, amor-odio.

Marte en Sagitario denota una combatividad dirigida a la afirmación global y a veces fanática de la justicia, pero es una justicia a menudo ideal o idealizada, sin salida en la vida normal. El individuo lucha por la afirmación de sus ideas, respetando las de los demás con la misma imparcialidad y objetividad. También simboliza, en un tema astrológico de excepción, la constante y fatua manía de grandeza del sujeto, como también las fanfarronadas con las que cree afirmar su personalidad.

Júpiter en Sagitario representa la bondad y tolerancia del sujeto en la vida cotidiana, respetando absolutamente la personalidad de ideas de los demás, por mucho que difieran de las suyas. La realización de la propia personalidad es explosiva y de acuerdo con el carácter exuberante y extrovertido de este signo. La alegría de vivir le gana siempre nuevas amistades, a través de las cuales, paso a paso, alcanza grandes metas.

Saturno en Sagitario convierte las fuerzas instintivas del individuo en introvertidas y dirigidas a la búsqueda espiritual. El examen sobre los problemas de la vida y de la realidad del propio yo son las bases sobre las que se apoya el sujeto para entablar una relación íntima con los demás; relación externa que sirve para poner de manifiesto los descubrimientos interiores. La vida y la muerte son representados como parámetros concretos de la existencia cotidiana y no ya como simples problemas existen- ciales. Urano en Sagitario confiere al sujeto una personalidad tan fuerte y feliz que debe manifestarse en viajes interminables, por la sed de aventuras y conocimientos que caracterizan al signo. Al contrario de Urano en Escorpión, este planeta influye en el deseo de aprender del individuo por el conocimiento en sí, y no por la sed de dominio. La existencia es considerada como un modo de vivir breve, pero intenso. En sentido negativo, indica miedo a dejar libre curso a los instintos.

Los planetas en Capricornio

El Sol en Capricornio indica una personalidad fría y cal-culadora. El sujeto permanece aferrado a los recuerdos del pasado y a partir de ellos analiza el futuro. La perseverancia con la que el sujeto emprende y lleva a término sus acciones constituye otra de las características de quien tiene el Sol en Capricornio. La afirmación de la propia personalidad se realiza a través de dura lucha interior, que confiere al individuo o bien voluntad en la consecución de sus propios fines o bien la apatía cuando no logra realizarse.

La Luna en Capricornio indica los obstáculos que se le presentan al sujeto para su relación en pareja. Su vida íntima se encuentra fuertemente influenciada por graves inhibiciones que comprometen su equilibrio psíquico. El deseo de situarse socialmente domina sobre la espontaneidad afectiva. En sentido negativo, representa las inhibiciones del individuo en su efusión sentimental. Mercurio en Capricornio indica un tipo de inteligencia práctica y dirigida a una finalidad determinada. Es un tipo de inteligencia fría, distanciada de personas y cosas, aunque sin perderlos de vista con el fin de obtener lo que se ha propuesto. La racionalidad domina sobre la espontaneidad y el instinto es reprimido. Inteligencia que infunde temor, cáustica y amarga, que hiere la sensibilidad de su interlocutor. En sentido negativo indica la persecución de una finalidad maléfica y destructiva.

Venus en Capricornio indica frialdad de sentimientos, frialdad muchas veces dictada por la voluntad. Cuando el sujeto se enamora, deja hablar antes la voz de la razón que la de los sentimientos. La cínica amargura con la que afronta las cuestiones sentimentales es un antídoto contra el enamoramiento. El sujeto respeta y estima a la persona con la que vive, más que amarla con una pasión sentimental. Sensualmente, es frío y distanciado.

Marte en Capricornio significa una agresividad racional que tiene en cuenta contra quién va dirigida. El sujeto canaliza su fuerza potencial hacia una finalidad, tras estudiar el pro y el contra de la acción que se propone. El sujeto con Marte en Capricornio es valiente en el verdadero sentido de la palabra, no lanzándose ciegamente a la acción como el Aries, ni fanáticamente como el Escorpión, sino conservando la frialdad incluso en las situaciones más difíciles, que domina de esta forma a su placer. Júpiter en Capricornio representa un individuo que en todo momento piensa cómo situarse socialmente. Al no ser tímido como el Virgo, sino más bien introvertido, el gustar y complacer le resulta ingrato. No está dispuesto a asentir a acciones que para él son negativas, y no mira a la cara con quien no está de acuerdo. En esto se parece al tipo Escorpión, pero sin el carácter huraño de éste, el Capricornio generalmente se rinde, antes que comprometer su fuerte ambición.

Saturno en Capricornio representa el extremismo de este signo en la búsqueda de su identidad frente al mundo exterior. La frialdad de este planeta sobre un signo ya frío, congela en el sujeto todo impulso hacia una vida afectiva y laboral, si no alegre, al menos serena. Los problemas de la existencia pasan a ser, de pequeños problemas cotidianos a cuestiones universales y globales a veces irresolubles, que comprometen la hipertensión que el sujeto oculta bajo su frialdad de sentimientos, cuya manifestación considera debilidad.

Urano en Capricornio hace germinar en el individuo ambiciosos proyectos, que sólo su constancia y fría y racional inteligencia llevarán a puerto con relativa facilidad. Para el sujeto no existen problemas, habituado como está a superar las dificultades con sus solas fuerzas.

Los planetas en Acuario

El Sol en Acuario denota una personalidad extrovertida y original, con un humanitarismo intrínsecamente altruista y una extravagante inteligencia para afrontar las situaciones más difíciles. Su carácter optimista no es forzado sino espontáneo y comunicativo respecto a los demás. Su individualismo es tan agudo que todo lo que hagan o digan los demás según él está equivocado. Adora las situaciones complicadas por el mero gusto de resolverlas y, si no lo logra, no se descorazona sino que empieza de nuevo. Su independencia de carácter le gana enemigos, pero al mismo tiempo su «savoir faire» y fantasías le hacen atrayente y simpático.

La Luna en Acuario inclina al sujeto hacia nuevos descubrimientos, aunque no posee perseverancia para llevarlos a término. Su vida íntima constituye a menudo un problema por su tendencia a espiritualizar incluso las cosas más materiales. Para él vivir con alguien significa un tormento por su deseo de conocer gente nueva y explorar otros horizontes, tanto en el campo sentimental como laboral.

Mercurio en Acuario representa un tipo de inteligencia decididamente anticonvencional, que no programa nada, pero intuye y asimila inmediatamente los nuevos descubrimientos, tanto en el campo científico como humanístico, por su maleabilidad hacia todo aprendizaje. Su espíritu de contradicción es muy fuerte, y, en sentido negativo, el sujeto, con tal de imponer una razón que no tiene, utiliza una sofisticada dialéctica que le hace ser odiado y que su inteligencia no gane el reconocimiento, estima y respeto que obtendría naturalmente si se aceptase tal como es.

Venus en Acuario denota un modo de amar por una parte idealizado y espiritualizado al exceso, sin nada que ver con el sexo, y que, por otra parte, comporte una relación en común con la máxima libertad, sin prejuicios y en contra de los esquemas dominantes, afirmando los valores naturales del individuo a expensas de los burgueses que, por el contrario, querrían regir todo sentimiento en un único sentido. Es el amor por el amor.

Marte en Acuario representa un tipo de agresividad dirigida a la conquista de metas espirituales. Su fuerte voluntad se encuentra acompañada de una inteligencia intuitiva y que afirma sus propios principios e ideas, sin por ello pisotear la personalidad de los demás. Es la violencia dirigida al bien, al servicio de la justicia o de un ideal.

El sujeto persigue el riesgo, comportando toda acción algo aventurero en el que arrojarse con todas sus fuerzas. Aumenta sensiblemente el espíritu organizativo de este signo, de por sí algo caótico.

Júpiter en Acuario indica la integración del sujeto en el mundo social a través de sus cualidades originales y anti-conformistas, actuando en él como un gran jugador, diestro y simpático. Con la misma facilidad con la que sabe atraerse las simpatías, puede resultar antipático por sus ataques de cólera imprevistos o por sus caprichos infantiles. Generalmente se encuentra dotado de atractivo personal, y con Júpiter como planeta dominante verá aumentadas sus dotes innatas de bondad y comprensión. Saturno en Acuario significa el rechazo del sujeto a afrontar las pruebas impuestas por la vida. El individuo prefiere encerrarse en sí mismo, olvidando los problemas prácticos de la vida cotidiana, y vivir a través de los sueños que su fantasía delirante le propone. Antes de emprender algo, ya imagina como terminará, y programa fantásticamente las distintas fases de cada acción, que, si no se realizan, abaten al sujeto y planta las cosas a la mitad.

Urano en Acuario hace al individuo aun más rebelde de lo que ya es por naturaleza. Toma todo a pecho y para él no existe el respeto por las convenciones burguesas; todo lo que piensa que es convencional lo rechaza por principio, sea justo o equivocado. Su carácter independiente se ve aumentado, no soportando en este caso ningún lazo de tipo sentimental. El amor por la novedad es tal, que todo lo realizado el día anterior es rechazado.

Los planetas en Piscis

El Sol en Piscis representa una personalidad tímida e influenciable, tanto en la elección profesional como en la sentimental. La timidez instintiva bloquea al sujeto en sus mejores manifestaciones, y sólo un contacto directo con la sensibilidad de los demás puede volverlo más expansivo y comunicativo. El individuo aspira a dominar, pero la bondad e idealismo en él latentes, le impiden lograrlo. Aunque teniendo él la razón, a menudo deja que los demás se crean que la tienen, para no contradecirlos y por miedo a su posible maldad.

La Luna en Piscis constituye siempre un motivo de preocupación para el signo, ya que el individuo tiende a descansar en sueños que la ruda realidad cotidiana destroza, dejándolo con las manos vacías.

Su excesiva sensibilidad lo lleva a considerar la vida íntima como algo ideal y tan espiritual, que con facilidad la persona que vive con él prefiere dejarlo y abandonarlo a sus sueños. La Luna es el planeta ideal para quien vive el arte como algo superior y sublime con el que fundirse. Mercurio en Piscis denota un tipo de inteligencia especial que varía de individuo a individuo según la espiritualidad del sujeto, encontrándonos ya ante una inteligencia intuitiva que comprende todo antes de que se le diga, ya ante un tipo de inteligencia demasiado sensible que, tomando por verdadero todo lo que se le propone, ideativo, es la inteligencia que ama las situaciones morbosamente complicadas y que, a la larga, compromete el estado emotivo de un individuo tan sensible como el Piscis.

Venus en Piscis indica un modo de amar tan pasivo y masoquista, que a menudo puede ser tomado como abulia sentimental. En realidad, el sujeto ama con gran intensidad, pero el miedo a ser traicionado o simplemente tomado en broma, lo bloquea en sus manifestaciones afectivas. En sentido negativo, indica una sensualidad primordial. Marte en Piscis representa un tipo de agresividad totalmente desprovista de fuerza y que actúa bajo el empuje de los demás. Por tanto, la influencia del ambiente puede ser positiva o perjudicial para el Piscis con Marte domiciliado en él. Normalmente el individuo se adhiere a las ideas y voluntad ajenas, rechazando manifestar su verdadera personalidad. El entusiasmo es para el sujeto una palabra desconocida, hasta tal punto resulta verdadero el que sólo a través de la fuerza ajena su carácter agresivo puede expresarse, aunque, según las estadísticas zodiacales, ello suceda raramente.

Júpiter en Piscis representa el deseo inconsciente del individuo en poner de manifiesto sus tendencias positivas. Para él el mundo exterior es un modo de verificar sus grandes cualidades de sensibilidad y bondad que, dada la absoluta carencia de exhibicionismo en este signo, son así reconocidas por los demás. No realiza una buena acción por verse alabado y colocado de congratulaciones, sino porque le parece justa. La vida social es importante para el sujeto, así como las relaciones mundanas, pero es difícil que ofrezca sus sentimientos al mejor postor, por la sensibilidad artística y natural de su carácter.

Saturno en Piscis representa la vocación del individuo hacia el sacrificio, del tipo que sea. Su sensibilidad y receptividad se encuentran introvertidas y bien ocultas en el interior del individuo, que se abrirá sólo a los que conquisten por entero su confianza. El amor por el mundo y la gente asume una nueva y más consistente dimensión a través de la anulación de la propia personalidad. Urano en Piscis representa un sensible aumento en la receptividad de dicho signo, que aislado de los demás, percibe, antes de que se realicen, los nuevos descubrimientos tanto técnicos como artísticos. Por lo que tendremos tanto al innovador o precursor de una nueva época, como al genio incomprendido. En sentido negativo, el individuo muestra un egoísmo y egocentrismo ilimitados.

DICCIONARIO ASTROLOGICO

Este breve diccionario astrológico es de importancia fundamental para el lector que quiera adentrarse en los misterios de la astrología, y así comprender el significado intrínseco, lingüístico y técnico, de los términos.

Ascendente (abreviación: ASC)

En el momento del nacimiento de un individuo, el signo del ASC se encuentra situado exactamente a oriente, donde nace el Sol y en el cuadro astrológico es representado a la izquierda.

Aspectos

Están constituidos por los ángulos de los astros. Pueden ser positivos: trigonos y sextiles; como también negativos: cuadraturas y oposiciones.

Cúspide

El punto exacto en el que cada casa tiene su inicio y origen.

Descendente (abreviación DS) (o nadir)

El punto opuesto al ASC, donde muere el Sol.

Domicilio

El dominio que un planeta ejerce sobre un determinado signo. Por otra parte, se dice que el planeta se encuentra en exaltación, exilio o declive. Así, decir que un planeta se encuentra en exaltación, significa un acrecentamiento del poder del planeta; en exilio, es cuando el planeta se ve obstaculizado en su avance, pero aunque existe debilitamiento de su poder en el plano material y práctico, en el aspecto psicológico se acrecienta; en declive significa que el planeta ha perdido su fuerza.

Imum-coeli (abreviación: IC)
El punto exacto en el que el Sol se encuentra a medianoche.
Medium-coeli (abreviación: MC)

El punto exacto en el que el Sol se encuentra mediodía.

Puntos cardinales

Son cuatro: ASC, DS, MC, IC.

Zodíaco

La esfera en torno a la cual los planetas realizan su ciclo, y cuya eclíptica se encuentra dividida en dos mitades perfectamente iguales.

Breve esquema de la astrología china

Además de la astrología, conocemos un calendario astrológico chino que atribuye a cada año uno de los siguientes animales búfalo, perro, cabra, caballo, dragón, gato, cerdo, mono, serpiente, tigre y topo.

Años del Búfalo

Son: 1901, 1913, 1925, 1937, 1949, 1961, 1973 y 1985. Las características que distinguen a los nacidos en el año del búfalo son: paciencia extraordinaria, inteligencia que asimila con lentitud pero que cuando aprehende bien una noción no la olvida más, y buen éxito en la elección profesional. Su carencia de entusiasmo y pasión, aunque sexualmente sea de una capacidad normal, hace que su matrimonio no verifique una unión perfecta. El mejor período para ellos es la infancia y la vejez, mientras que la madurez se encuentra colmada de dificultades, fácilmente superables por la perseverancia y calma con las que los nacidos en el año del búfalo afrontan las situaciones hostiles.

Años del Perro

Son, 1898, 1910, 1922, 1934, 1946, 1958, 1970 y 1982. Pesimismo e introversión son las características peculiares de los nacidos en el año del perro. La inteligencia es profunda e intuitiva, aunque muchas veces no quiere expresarse con toda su fuerza, por la instintiva desconfianza del sujeto hacia el mundo exterior, con el que no quiere confundirse. Su juicio crítico se encuentra muy desarrollado y difícilmente el sujeto se equivoca en su análisis. Excesivamente idealista, su matrimonio no será feliz a pesar de que la persona que lo ame le sea fiel, aunque sólo sea por la excesiva emotividad que lo inclina a nuevos descubrimientos tanto en el campo afectivo como laboral, donde alcanzará la perfección. Trabajador incansable, la profesión que escoja le aportará numerosas satisfacciones, aunque siempre estará descontento del éxito de su obra. No trabaja por dinero, que por el contrario desdeña, sino porque el trabajo le permite expresar su idealismo. El sujeto sufrirá trastornos de las zonas viscerales.

Años de la Cabra

Son el 1895, 1907, 1919, 1931, 1943, 1955, 1967, 1979 y 1991. Con facilidad los nacidos en el año de la cabra son individuos de mala fe, más por miedo a asumir sus propias responsabilidades que por principio.

De hecho, estadísticamente se halla comprobado que los años de la cabra generan individuos que son óptimos ejecutores de la voluntad ajena, más por convencimiento que por obligación. De todas formas, bajo su influencia han tenido origen las grandes transformaciones artísticas que caracterizan el desarrollo decisivo de una determinada cultura pictórica o literaria. La edad de la cabra conduce a los nacidos bajo su influencia a la pobreza material y económica. Por tanto, significa genialidad incomprendida, que no encuentra su debida correspondencia intelectual y financiera. Sentimentalmente, la vida de los individuos nacidos bajo este signo es turbulenta y difícilmente conduce al sujeto al matrimonio; si éste se realiza, la unión será infeliz tanto para ambos contrayentes como para los hijos, cuya educación se verá afectada por la indolencia y distracción del sujeto. La elegancia y cuidado en el vestir, modo de actuar y hablar constituye otras de las características de los nacidos en el año de la cabra.

Años del Caballo

Son: 1894, 1906, 1918, 1930, 1942, 1954, 1966, 1978 y 1990. La extroversión, el egoísmo, narcisismo y «savoir faire» constituyen las principales características de los nacidos bajo el año del caballo. Éstos, por otra parte, son fácilmente influenciables y dominados por la voluntad de los demás, aunque algunas veces sus manías y caprichos les hace desobedecer las órdenes recibidas. Aunque extrovertido y aparentemente siempre seguro de sí mismo, en realidad los nacidos en estos años son también fácilmente domables en el aspecto afectivo y sentimental. Si encuentra a alguien que sabe tratarlo, el individuo le será fiel como si fuera su primer gran amor. La fidelidad afectiva, a veces puede servir de excusa a la adoración latente por la propia persona. Efectivamente, al amar a una sola persona el sujeto se encuentra relativamente seguro de no desequilibrarse demasiado y dividirse interiormente.

Años del Dragón

Son: 1892, 1904, 1916, 1928, 1940, 1952, 1964, 1976 y 1988. Es el animal mejor, pues el individuo nacido en este período sabrá vencer siempre, cualquiera que sea el obstáculo que se le presente. La extravagancia y munificiencia en el vivir son las características fundamentales de los nacidos bajo el año del dragón; que, además, son difícilmente influenciables y apenas toleran los consejos, incluso aquellos de mayor crédito. Individualistas y ego- centristas, obtienen de la vida lo máximo que ésta puede ofrecerle, tanto en el aspecto afectivo, como en el económico y en la afirmación personal, que se realiza espontáneamente y sin complicaciones.

Años del Gato

Son: 1891, 1903, 1915, 1927, 1939, 1951, 1963, 1975 y 1987. Una vida fácil y tranquila caracteriza a los nacidos en los años del gato. El individuo no ama el esfuerzo y, aunque inteligente y refinado, cuando se encuentra ante un obstáculo imprevisto, prefiere abandonar la partida antes que continuar luchando. El matrimonio es desaconsejable, a menos que no sea una unión meramente formal que ayude al sujeto a subir de clase social. Su ambición es muy fuerte, pero le faltan perseverancia y valentía en la propia acción para lograr situarse bien. Óptimo huésped, se atrae la admiración y estima de los presentes. Su buen gusto le conduce a una excesiva munificiencia en el vestir y modo de vivir. De hecho, si logra situarse, sus ganancias económicas se volatizarán en gastos superfluos. Ama el lujo y la belleza, aunque no las conserva largo tiempo por sus apremiantes exigencias financieras, las cuales lo asaltan durante toda la vida. Es un medroso y rehúsa la lucha, sobre todo si es violenta.

Años del Cerdo

Son el 1899, 1911, 1923, 1935, 1947, 1959, 1971 y 1983. La fortuna en el juego y en los negocios constituirá la prerrogativa de los nacidos en el año del cerdo. Su naturaleza pacífica y buena lo hará objeto de burlas y traiciones tanto en el campo afectivo como laboral, aunque el individuo no se altera en demasía y continúa su camino. La honestidad y mansedumbre del sujeto le sirven, a veces, para conquistar posiciones sociales que incluso los más audaces arrivistas no se atreven a emprender. Efectivamente, la bondad del sujeto, aunque no artificial, persigue una segunda finalidad, que sólo su mente rápida y sutil le sugiere. Detesta la violencia pero, cuando se ve amenazado en sus afectos o vida íntima, se revuelve con cal agresividad que aturde a su provocador. Es un tipo tranquilo que ama las cosas justas y que no tolera los atropellos bajo ninguna razón. No obstante, su gran corazón y cerebro no le servirán para llevar a buen puerto un matrimonio feliz y sereno.

Años del Mono

Son: 1896, 1908, 1920, 1932, 1944, 1956, 1968, 1980 y 1992. La independencia e individualismo acompañados de una inteligencia lógica y racional constituyen las características de los nacidos en los años del mono. Es el individuo que sabe a donde quiere ir y no se arredra ante las decisiones tomadas. Sacrifica el amor en aras del éxito, aunque es un sacrificio más bien relativo, dada la falta de afectividad sentimental y erótica del sujeto. No enamorarse constituye un principio fundamental para el sujeto. Efectivamente, sabe que el amor le impediría manifestar toda su personalidad, ya que tendría que entregar una parte de sí a la persona amada. Si se casa, casi siempre será una unión de conveniencia, con nada que ver respecto al amor. Frío y calculador, es un óptimo jugador en el juego de la vida y no duda en utilizar incluso medios ilícitos para conseguir sus propósitos. Será, por tanto, en su vejez un individuo solitario y triste, que ha dedicado la vida sólo para sí y que ha inmolado el amor en aras de la ambición.

Años de la Serpiente

Son: 1893, 1905, 1917, 1929, 1941, 1953, 1965, 1977 y 1989. Los nacidos en el año de la serpiente tiene una inteligencia racional y dirigida al descubrimiento inmediato de un problema, y saben siempre dominar las situaciones que se les presentan en la vida. La lucha le sirve al sujeto para enriquecerse cultural e intelectualmente; en la lucha y la batalla triunfa de forma aplastante sobre su enemigo o adversario. Si el sujeto no logra vencer con medios normales, con tal de triunfar es capaz de utilizar cualquier medio. Triunfa con gran facilidad por la desenvoltura con la que actúa ante cualquier aprieto. Sus celos hacia la persona amada no vienen tanto dictados por el amar como por el deseo constante del sujeto de dominar y poseer. Aunque sea muy posesivo, ese defecto no le impide triunfar en el amor, con tal de que la persona se encuentre dispuesta a la obediencia.

Años del Tigre

Son: 1890, 1902, 1914, 1926, 1938, 1950, 1962, 1974 y 1986. Las características principales de los nacidos en el año del tigre son la violencia y capacidad de ser grandes dirigentes. Poderosos y magníficos, ayudados por una inteligencia abierta y ávida de nuevos descubrimientos, triunfarán en cualquier empresa. Les sonreirá el éxito, aunque sin equivalente correspondencia económica. En las cuestiones del corazón son conquistadores natos que no temen ni a rivales ni a adversarios. Violentos y celosos, aman la lucha por la lucha.

Años del Topo

Son el 1900, 1912, 1924, 1936, 1948, 1960, 1972 y 1984. Las características de los nacidos en el año del topo son la prodigalidad, sobre todo excesiva sentimental y sexual-mente, la seducción irresistible y una vida tumultuosa y caótica, con altibajos de la fortuna tanto en el campo afectivo como en el económico.

Índice

Prólogo   5
La astrología   7
   Historia y generalidades   7
Los astros   9
   Sol   20
   Luna   20
   Mercurio   21
   Venus   22
   Marte   23
   Júpiter   23
   Saturno   24
   Urano   25
   Neptuno   25
   Plutón   26
Las casas   27
Los planetas según las casas   31
   El Sol según las casas   31
   La Luna según las casas   33
   Mercurio según las casas   34
   Venus según las casas   36
   Marte según las casas   37
   Júpiter según las casas   39
   Saturno según las casas   41
   Urano según las casas   43
   Neptuno según las casas   44
   Plutón según las casas   46
Los signos   49
   Aries   50
   Tauro   54

Géminis   59
Cáncer   62
Leo   67
Virgo.   72
Libra   75
Escorpión   80
Sagitario   85
Capricornio   90
Acuario   94
Piscis   97
Los planetas en cada signo   103
   Los planetas en Aries   105
   Los planetas en Tauro   107
   Los planetas enGéminis   109
   Los planetas enCáncer   111
   Los planetas en Leo   113
   Los planetas en Virgo   116
   Los planetas en Libra   118
   Los planetas enEscorpión   120
   Los planetas enSagitario   123
   Los planetas enCapricornio   125
   Los planetas en Acuario   127
   Los planetas en Piscis   129
   Diccionario astrológico   132
Breve esquema de la astrología china   135
   Años del Búfalo   135
   Años del Perro   136
   Años de la Cabra   136
   Años del Caballo   137
   Años del Dragón   138
   Años del Gato   138
   Años del Cerdo   139
   Años del Mono   139
   Años de la Serpiente   114
   Años del Tigre   141
   Años del Topo   141